湖南十大名茶

萧力争 主编

中国农业出版社
北京

序 言

在当今的消费时代，任何一大类型之商品，其中必有商誉极隆的名品，即所谓名牌的存在，它们往往品质超群，声名显赫，知名度和美誉度极高。虽往往价格不菲，但消费者心驰神往，好之者趋之若鹜。

何谓名茶？已故湖南著名茶叶专家王威廉先生认为："名茶、名茶，就是著名的好茶。一般而言，凡是好茶能出名，出名的必是好茶。"他还进一步指出："名茶的'实'是优良品质，'名'是'实'的反映，先有'实'而后有'名'。名茶离不开天（天时）、地（地利）、人（人工）、文（文化）四大条件。"名茶是茶中珍品，是茶文化的重要物质载体和组成部分，是凝结古今茶人创新灵感和匠心精神的结晶。一个具有较广泛影响力和持久生命力的名茶，需要具备以下条件：优异的茶树品种、优越的生态环境、优良的种植技术、严格的采摘标准、精湛的加工技术、独特的品质特征、厚重的历史文化、很高的品牌（产品）知名度和美誉度。这八条我认为是一个名茶所必须具备的基本条件。

湖南山川秀美，气候温润，茶文化底蕴深厚，乃中国著名茶区，素有"江南茶乡"的美誉。湖南茶品，种类繁多，品质优异，风味独特，历代名茶荟萃。历代有文献记载的湖南历史名茶不下百种。中华人民共和国成立后，特别是改革开放以来，为适应市场需求和人民群众生活之需，湖南各地在恢复历史名茶生产的同时，又新创了众多名茶。1983年，

湖南省茶叶学会曾以"茶叶科技普及资料之二"名义编印了由湖南省茶叶研究所主编的《湖南名茶》，重点推介了25种湖南名茶。1993年，彭继光等专家编著出版《湖南名茶》一书，精选推介了湖南历史名茶11种和新中国成立后的新创名茶50种。1992年，陈宗懋院士主编的《中国茶经》记载了湖南从唐宋至明清的历史名茶17种，现代名茶32种。2000年，陈宗懋院士主编的《中国茶叶大辞典》较全面记载了我国历代名茶，记录的湖南历史名茶包括唐代名茶16种、宋代名茶25种、元明两代名茶33种、清代名茶27种、现代名茶59种。同年，中国农业出版社出版了王镇恒、王广智主编的《中国名茶志》，该书首次对我国历代名茶进行全面、系统的梳理总结，被认为是当时收集整理并介绍国内古今名茶最齐全的一部名茶专著，其中的湖南卷是由已故的湖南茶界老前辈、湖南农业大学朱先明教授主编的，共收录湖南名茶131种，包括历史名茶10种（含民国时期1种）、现代名茶121种，书中对其中27种名茶的产销历史、加工技术等进行了较详细的介绍。

自20世纪80年代中后期开始，名优茶产销逐渐成为推动我国茶产业发展的主要力量。目前我国名优茶的产值和销售额已占到了全国茶叶总产值和总销售额的70%以上。湖南是我国名优茶的主产区之一，名优茶的发展一直得到各级党委、政府和产业界的高度重视，发展迅速，成绩

斐然。名优茶的发展，带动并推动了湖南茶产业规模和效益的提升，名茶文化的传播，促进了茶文化和茶消费的普及，凸显了茶产业在促进地方经济发展、茶叶品牌建设、产业转型升级、茶农脱贫致富等方面的重要作用。

进入20世纪90年代后，我国名优茶产销进入快速发展期，湖南各地发展名优茶生产的积极性高涨，名优茶产销量日益增加。为宣传推介湖南名茶，推动湖南茶产业的发展，湖南省茶叶学会于1994年5月举办了首届"湘茶杯名优茶评比"，此后举办了8届"湘茶杯名优茶评比"活动，累计评选出了数十种名优茶。名茶创制积极性高，获奖产品众多，但也存在一些新创名茶单纯追求采摘嫩度、工艺上创新不足、特色不突出的问题。一些新创名茶产量低、规模小，评了省优或部优后，没几年工夫就销声匿迹了，没有起到应有的作用。因此在时任湖南省茶叶学会理事长施兆鹏教授的倡导和推动下，2005年，湖南省茶叶学会联合省农业厅等单位开展了"湖南十大名茶"的评选工作，目的是把湖南最具代表性的名茶推向全国市场，促进名优茶产业的良性发展。鉴于当时我省茶叶生产和销售的现实，当时推出的湖南十大名茶，仅限于绿茶类中的名茶。其中君山银针历史上属于黄茶类，但当年为应市场需要，君山银针大多加工成绿茶类产品，称为绿茶型君山银针，因此在此次的评选中也获评湖南十大名茶之一。其余九大名茶分别是高桥银峰、古丈毛尖、金井毛尖、兰岭绿之剑、东山秀峰、南岳云雾、石门银峰、安化松针和野针王。此后学会领导考虑到应集中精力推介这次评选出的十大名茶，便暂停了"湘茶杯名优茶评比"活动。经过十年发展，国内茶叶市场和湖南茶叶的产销结构均发生了很大变化，省茶叶学会第十一届常务理事会研究决定，应适时开展新一轮"湖南十大名茶"的评选工作，以反映湖南多茶类发展各美其美的客观现实，推动湖南各主产茶类的全面发展。2016—2018年，湖南省茶叶学会联合湖南省茶业协会、湖南省大湘西茶产业促进会举办了三届"潇湘杯湖南名优茶评比"，综合三年的评比结果和各申报名茶的产销历史、名茶文化、产销规模、品牌知名度、产业带动能力等因素，最终评选出了新的"湖南十大名茶"。新评选出的"湖南十大名茶"，在湖南上百种名茶中脱颖而出，涵盖绿茶、黑茶、红茶、黄茶等湖南主要特色茶类，是湖南各主产茶类中的特优产品，它们不仅具备优异的品质、悠久的历史、深厚的文化底蕴，同时也是优秀的非遗资源和知名的公用品牌，兼具名茶与名牌的双重特性。

当前，湖南正全力推进茶叶品牌建设和产业转型升级，编撰出版本书旨在传播湖南名茶文化，打造名茶品牌，促进我省茶叶消费和茶产业的提质增效。通过系统、全面介绍湖南十大名茶的历史文化、生产加工技术、品质特色等内容，读者能更全面、准确地认识湖南十大名茶，深化对湖南名茶的产销历史、发展现状的认识，同时本书也是对近些年来湖南名茶研究成果和产业化实践的一次全面总结和展示。

本书从策划到编撰出版，历经数年，这期间中国农业出版社孙鸣凤主任对本书的编撰工作给予了大力支持和指导，参编各位作者，特别是陈奇志先生在编撰、统稿、修改过程中付出了很大的心力，在此向他们表示衷心感谢！湖南省发改委主持并资助了几届的"潇湘杯湖南名优茶评比"活动，十大名茶各主产市、县对本书的出版给予了经费上的支持，在此也一并表示感谢！本书乃集体创作的成果，参编者较多，工作量较大，有的资料和图片收集难度较大，加之我们水平所限，书中错讹难免，恳请读者见谅并不吝赐教！

湖南省茶叶学会理事长　　萧力争

2024年6月28日

目 录

本章执笔 × 陈奇志

名茶是茶中珍品，品质出众，闻名遐迩。中国茶史悠久，品目繁多，大浪淘沙，只有少数茶品脱颖而出，荣膺名茶桂冠。

湖南茶叶，历史久远。朝代更替，岁月留痕。上古时期，湖南就有了"吃茶"的历史。到了西汉，茶叶作为随葬品，首见于长沙马王堆汉墓。

湖南茶区，山清水秀，土壤肥沃，茶树资源丰富，万顷茶园蓊郁，是中国重要的产茶区。好山好水出好茶，湖南十大名茶是湖南茶人与大自然互动的杰作。

湖南茶品，种类众多，品质优异，风味独特，三湘四水，五彩茶香。一杯入口，颊齿留芳。

第一章

湖南名茶概述

一

湖南茶业简史

1. 古代与近代湘茶

（1）隋朝以前

相传，炎帝神农氏（图1-1）晚年遍尝百草，为民治病，采药来到湖南，终因积劳成疾离世，葬于"长沙茶乡之尾"，即今株洲市炎陵县鹿原镇鹿原陂（《后汉书·郡国志》）。汉代《神农本草经》记载："神农尝百草，日遇七十二毒，得荼（茶）而解之。"茶圣陆羽《茶经》曰："茶之为饮，发乎神农氏。""神农尝百草"的传说，源自湖南大地。2009年，中国六大国家级茶叶行业组织和湖南省人民政府在炎帝陵举行祭茶祖大典，发表《茶祖神农炎陵共识》，公认炎帝神农氏是"茶祖、茶叶始祖"，茶祖神农文化是五千年中华茶文化的源头。

据考古推测，夏商时期，瑶、苗组成联盟，在"左洞庭，右彭蠡"建立三苗国，部分瑶民迁居湘北龙窖山，开荒种茶，龙窖山成为中国最早的人工植茶地之一（图1-2）。北宋范致明《岳阳风土记》（图1-3）载："龙窖山，在县（临湘）东南，接鄂州崇阳县雷家洞、石门洞，山极深远。其间居民谓之鸟乡。语言侏离，以耕畬为业，非市盐茶，不入城市。邑亦无贡赋，盖山徭人也。""畬"通"畲"，指播种前焚烧田地里的草木，并用草木灰作为肥料。邑即城镇。徭人即瑶族人。

图1-1 茶祖神农像

图 1-2　龙窖山瑶族石屋遗址

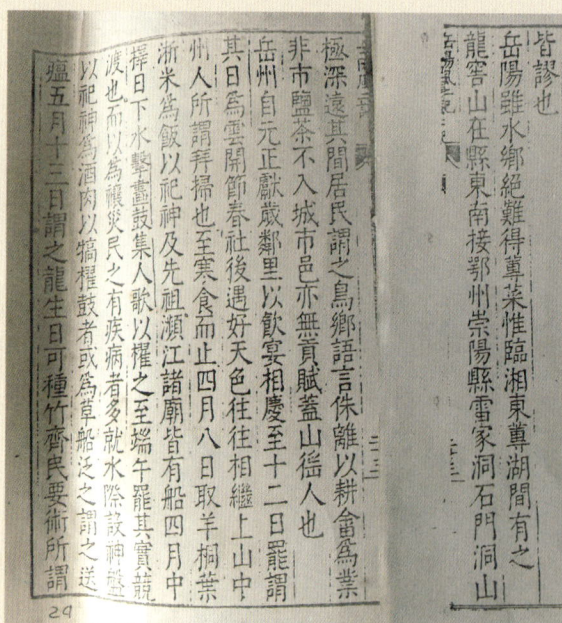

图 1-3　《岳阳风土记》关于龙窖山茶的记载

东周时期，屈原《楚辞》中有楚地饮茶习俗的记载。《九歌》《招魂》中的"椒浆""柘浆"，分别是"芝麻豆子姜盐茶"和"擂茶"的前身。

战国时期的《尚书·禹贡》是中国第一本区域地理专著（图1-4），介绍了各地物产，好似一本战国版全国农产品地域品牌手册。《尚书·禹贡》载："荆及衡阳惟荆州。……三邦底贡厥名。……浮于江、沱、潜、汉，逾于洛，至于南河。"意思大致为从荆山到衡山南面是荆州地区。……州内诸国进贡他们的名茶。……进贡的路线是由长江顺流入其支流，再进入汉水的支流，由支流入汉水，然后登岸，走陆路到洛水，最后进入黄河。据清代两江总督陶澍考证，"名"即"茗"，有诗为证："我闻虞夏

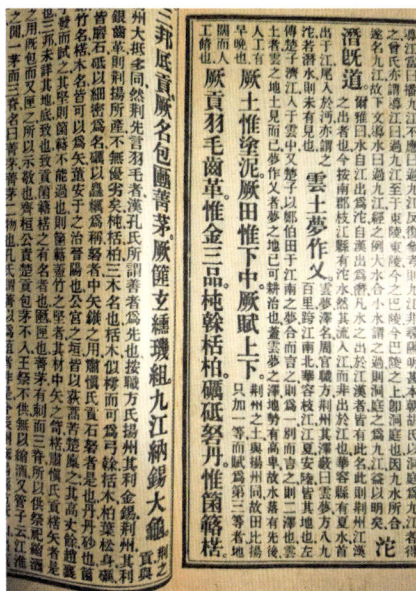

图1-4 《尚书·禹贡》（部分）

时，三邦列荆境。包匦旅菁茅，厥贡名即茗。""底贡"即"进贡"，"厥"相当于现代汉语的"其""那"，"底贡厥名"即进贡那名茶。荆州几乎包含了今湖南全境，这说明早在战国时代，湖南先民已经饮茶，且上贡朝廷。

汉代，湖南产茶，已由考古证实。1972—1973年发掘的长沙马王堆1、3号汉墓，出土了竹笥（竹编箱子）和遣册（写有随葬器物清单的竹简），竹笥里装的是衣物、食物等，挂有木牍。遣册上的记载和竹笥内的物品一一对应。135号竹简上有一个字，左面是木，为形旁，右面的音旁由上下两部分组成，上面是一个"古"字，下面是"月"字。有考古专家认为这个字是"榎"的异体字，"榎"即茶叶，这个竹简标明的竹笥，装的正是茶叶。这说明西汉前期，茶已成为随葬品，可见当时社会饮茶成风（周世荣，《茶叶通讯》1979年3期）。

饮茶之风在汉代兴起，带动茶具制造业（陶瓷业）的繁荣。湘阴县古窑址出土文物证实，湘阴县在汉代已大规模烧制青瓷，制作茶具。陆羽《茶经》将岳州窑列为唐代六大名窑之一。

汉初，茶陵县（今茶陵、炎陵县）设立，为重要茶产区。《后汉书·郡国志》记载，当年炎帝巡游天下，积劳成疾而辞世，"葬长沙茶乡之尾，是曰茶陵"。茶陵成为中国最早用"茶"字命名的县级行政区。陆羽《茶经·七之事》载："《茶陵图经》云：'茶陵者，所谓陵谷生茶茗焉。'"

汉末，《桐君录》记载了当时全国几个产茶地，其中包括酉阳（今湘西的永顺、龙山、古丈等地）。

晋代，湖南西部广植茶树。西晋《荆州土地记》载："武陵七县通出茶，最好。"武陵七县包括今怀化市、湘西土家族苗族自治州（以下简称湘西州）、常德市等地。

（2）唐宋时期

唐代，陆羽《茶经》只提及湖南衡山、茶陵两产地，但据周靖民《陆羽茶经校注》考证：湖南有九个州郡产茶，包括潭州长沙郡、衡州衡阳郡、岳州巴陵郡、朗州武陵郡、澧州澧阳郡、辰州泸溪郡、溪州灵溪郡、永州零陵郡、邵州邵阳郡。唐李泰《坤元录》载："辰州溆浦县西北三百五十里无射山……山多茶树。"无射山区在资水中上游与沅水中上游，包括今新化、安化、溆浦、沅陵等地。

唐代，茶叶多为团饼茶，还出现了炒青茶。当时流行"蒸青"制茶法，即先将采下的茶鲜叶放入甑、釜中蒸，然后用杵臼趁热捣碎茶叶，再把它拍或压制成团饼，最后将茶饼穿成一串，焙干封存，以备饮用。

湖南为炒青技术的发源地，有刘禹锡《西山兰若试茶歌》为证。茶鲜叶"杀青"，是加工绿茶的关键工序，锅炒杀青与锅炒干燥技法，从唐代开始沿用至今。刘禹锡到过常德、岳阳、郴州茶区考察。一次，为喝到优质春茶，刘禹锡初春即赶赴西山寺，僧人亲自采摘新芽，即摘即炒即泡，请刘禹锡试饮，诗人欣喜之余，写下了脍炙人口的茶诗《西山兰若试茶歌》。该诗第二段（中间八句）叙述炒青制法：

阳崖阴岭各殊气，未若竹下莓苔地。

炎帝虽尝未解煎，桐君有箓那知味？

新芽连拳半未舒，自摘至煎俄顷余。

木兰沾露香微似，瑶草临波色不如。

诗人从茶树产地写起，就是宋子安《东溪试茶录》里说的："茶宜高山之阴，而喜日阳之早。"神农氏炎帝虽尝遍百草，而饮茶起于后世，他并不知道这种煎烹方法。陶弘景的《本草经集注》序里提及桐君，他（桐君）著的《采药录》也只"说其华叶形色"，而不知其味。言下之意，这种现采现炒的方法为新创。西山制成的炒青，其香味连沾露的木兰也赶不上，颜色比那临波瑶草还要碧绿，美不可言。

唐代，名茶有岳州茶（邕湖含膏）、衡州茶等。李肇《唐国史补》（图1-5）载："风俗贵茶，茶之名品益众。……湖南有衡山，岳州有邕湖之含膏。"唐杨晔《膳夫经手录》载："衡州衡山，团饼而巨串，岁取十万。自潇湘达于五岭，皆仰给焉。……远至交趾之人，亦常食之。"交趾即今天的越南，团饼即衡山的团饼茶。该书另有关于岳州邕湖茶、潭州茶等的记载。

裴汶《茶述》载："茶，起于东晋，盛于今朝……今宇内土贡实众，而顾渚、蕲阳、蒙山为上，其次则寿阳、义兴、碧涧、邕湖、衡山，最下有鄱阳、浮梁。"

图1-5　唐代李肇《唐国史补》（部分）

唐代，朝廷为了增加财政收入，始征茶税，立榷茶制（即茶叶专卖制），还指定部分名茶进贡朝廷。

唐大中初年，名相裴休被贬职潭州，任湖南观察使，立《税茶十二法》，发展茶马贸易。

晚唐时期，湖南茶叶，特别是安化黑茶，与西北游牧区的商品交换，既增加了地方税收，又满足了边疆人民的需要。

五代十国时期，马殷建立了"楚国"（又称"南楚"），这是历史上唯一以湖南为中心建立的政权，史称"马楚"。马楚政权鼓励商业贸易，促进了茶业、纺织业发展。官家招募商人为国王卖茶得利，承续了起源于中唐的榷茶制。湘茶经长江、汉水运往北方，也经湘江运往岭南，远及东南亚。

唐宋时期因茶设县，彰显了湘茶的显赫地位。后唐清泰三年（936），马希范分拆巴陵县，设王朝场，以便收贮、运销民茶。北宋乐史撰《太平寰宇记》载："岳州王朝场，本巴陵县地，后唐清泰三年，潭州节度使析巴陵县置王朝场，以便人户输纳，出茶。"北宋淳化五年（994），升王朝场为王朝县。至道二年（996），改王朝县为临湘县。

宋代，湖南经济作物首推茶树，茶叶产区有潭、岳、辰、澧等州，商品茶细分为26等，茶赋税较多。

宋代实行茶叶专卖制，在潭、澧、鼎、岳州设买茶场，茶税为政府的主要收入来源。《宋

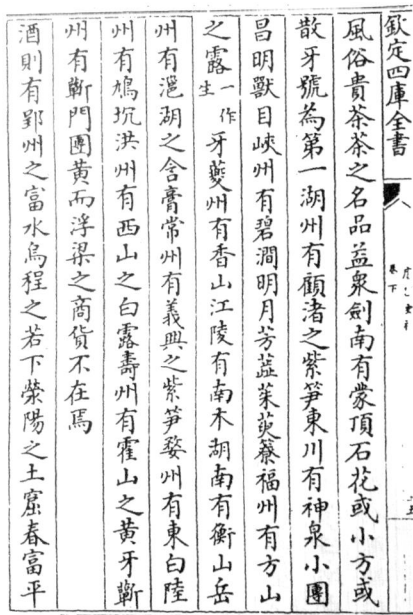

会要辑稿·食货》载有南宋绍兴三十二年（1162）诸州、路、军、县税茶数。

宋代，名茶较多。《宋史·食货志》载："茶有二类，曰片茶，曰散茶。……出虔、袁、饶、池、光、歙、潭、岳、辰、澧州，江陵府、兴国、临江军，有仙芝、玉津、先春、绿芽之类二十六等。"当时岳州的白鹤茶很有名气，范志明《岳阳风土记》（图1-6）载："滠湖诸山旧出茶，谓之滠湖茶，李肇所谓岳州滠湖之含膏也，唐人极重之，见于篇什。今人不甚种植，惟白鹤僧园有千余本，土地颇类此苑，所出茶一岁不过一二十两，土人谓之'白鹤茶'，味极甘香，非他处草茶可比并。茶园地色亦相类，但土人不甚植尔。"

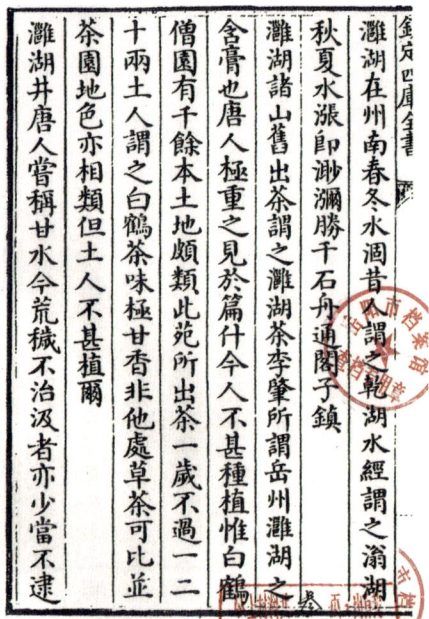

图1-6 《岳阳风土记》中关于滠湖茶的记载

（3）元明时期

元代名茶众多。马端临撰《文献通考》记载了宋元时代的名茶："独行灵草、绿芽、片金、金茗出潭州；大拓枕出江陵；大小巴陵、开胜、开卷、小卷生、黄翎毛出岳州；双上、绿芽、大小方出岳、辰、澧州。"李时珍《本草纲目》载："楚之茶，则有荆州之仙人掌，湖南之白露，长沙之铁色，蕲州蕲门之团面，寿州霍山之黄芽，庐州之六安、英山，武昌之樊山，岳州之巴陵，辰州之溆浦，湖南之宝庆、茶陵……皆产茶有名者。"陈仁锡《潜确类书》载："潭州之独行灵草，岳州之黄翎毛，岳州之含膏冷，剑南之绿昌明，此皆唐宋时产茶地及名也，见《茶谱》《通考》，以上为昔日之佳品。"明洪武二十四年（1391），龙窖山茶被朝廷列为贡品。弘治、隆庆《岳州府志》均记载："方物，茶。龙窖山出，味厚于巴陵，岁贡十六斤。"

明代，茶叶制法改进，饼茶减少，散茶增多，边销茶畅销。明末，湘茶成为大宗出口商品。

明代，朝廷将茶分为三种，因茶施策。《清史稿·食货志》载，"明时茶法有三：曰官茶，储边易马；曰商茶，给引征课；曰贡茶，则上用也"。明万历二十三年（1595），湖南边销茶被定为官茶。此前，西北茶商多越境至湖南私运黑茶边销，御史李楠以妨碍茶马法政为由，请求朝廷禁止。经户部批示，西北官引茶以汉中、四川茶为主，湘茶为辅。

明洪武二十四年（1391），朝廷诏令罢造团茶，命采制芽茶上贡，湖南逐渐改制散茶。

明末清初，谈迁《枣林杂俎》载：“茶，国家岁贡。……岳州府湘阴县茶六十斤。宝庆府邵阳县茶二十斤。武冈州茶二十四斤。新化县茶十八斤。长沙府安化县芽茶二十二斤。宁乡县茶二十斤。益阳县茶二十斤。”明代一斤相当于今596.8克。

（4）清代

清代，湖南主要特产为茶叶，茶区面积扩大，主产区有长沙、岳州、常德、宝庆四府。清代茶叶，从茶类看，青茶（即今绿茶）闻名全国，红茶、黑茶迅速发展。

茶叶按流通去向分为官茶、商茶、贡茶。少数优质茶被定为“贡茶”，由官员监督采制，供奉皇族享用；“官茶”由官员招茶商领引纳课后，从产茶区贩运到陕甘等地，交售给官府的茶马司，然后与西北等地少数民族进行茶马交易；“商茶”由茶商向政府请引后，从产茶区运销世界各地。

清代，在湘客商有徽商、晋商、粤商、闽商。徽商广设店铺，促进内销和外销；晋商采购湘闽茶叶，供应西北市场和蒙、俄，所购湘茶来自安化、临湘、平江等地。

乾隆《湖南通志》载：“茶。产安化者佳，充贡而外，西北各省多用此茶，而甘省及西域外藩需之尤切，设立官商，做成茶封，抽取官茶以充市易、赏赉诸蒙古之用。每年商贾云集，君山茶则为次。”

清道光二十三年（1843），封疆大臣左宗棠在湘阴县东乡置水田山地，并修建了一座庄园——柳庄，开辟茶园数公顷，开湘阴县植茶的先河。

鸦片战争后，特别是1840—1860年，红茶贸易活跃。为适应市场需要，平江、安化、临湘等地率先改制红茶。湖南省茶叶生产与收购编写组编《湖南茶叶生产与收购》载：“湖南产制红茶，平江在道光时最盛，以东部邻近江西的长寿街量多质好，可与江西宁红媲美；安化于1858年改制红茶，临湘继之。”同治《平江县志》载：“茶，邑产颇多，有茶税，道光末，红茶大盛，商民运以出洋，岁不下数十万金。”清代，贡茶有岳阳君山茶等。光绪《巴陵县志》（图1-7）载：“君山

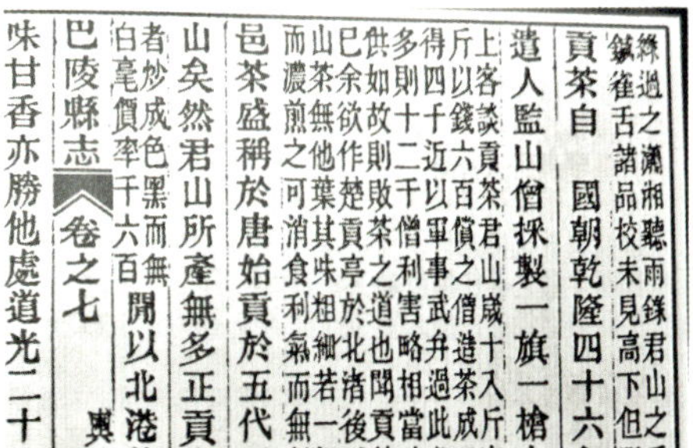
絲過之瀛湘聽雨錄君山之毛尖當推湖茶第一雖與銀
鍼雀舌諸品校未見高下但所產不多不足供四方爾
君山
貢茶自 國朝乾隆四十六年始每歲貢十八斤穀雨前知縣
遣人監山僧採製一旗一槍白毛茸然俗呼白毛尖 王申志 吳敏樹湖
上客談貢茶君山歲十八斤官遣人監僧家造之或至百數斤
斤以錢六百償之僧歲遣茶戶已斤費二千餘錢矣向時貢者可
得四千近以軍事武弁過此必買茶以饒大官斤率九千六百
多則四十二千僧利害略相當然事平軍船日少茶已不售而官
供如故則敗茶之道也聞貢茶入京以供太廟之用則包茅
已余欲作楚貢亭於北渚後以待茶務乞官自買茶造之 君
山茶無他葉其味粗細若一粗者但陳收
而濃煎之可消食利氣而無剋損之害
邑茶盛稱於唐始貢於五代馬殷舊傳產灉湖諸山今則推君
山矣然君山所產無多正貢之外山僧所貨貢餘茶 貢尖下有 貢兜隨辦
者炒成色黑而無
白毫價率千六百 開以北港茶參之北港地皆平岡出茶頗多
巴陵縣志 卷之七 輿地志七物產 二
味甘香亦勝他處道光二十三年與外洋通商後廣人每挾重

图1-7 光绪《巴陵县志》（部分）

贡茶，自国朝乾隆四十六年始，每岁贡十八斤。谷雨前，知县遣人监山僧采制一旗一枪，白毛茸然，俗呼白毛尖。"

清光绪年间，茶叶贸易由盛而衰。1934 年《湖南之财政·茶厘述略》第三章载："光绪初年，为茶业最盛时代，湘省洋装红茶，每年销售汉口者达九十万箱（约 27 670 吨），岁入库银以千万两计。迨后产额渐减，至光绪末年，仅岁销四十余万箱。据光绪二十一年各县报告，销售汉口，计安化红茶十二万三千余箱，洋装八千七百余箱。花香二万八千余箱，黑茶九千八百四十余箱。平江红茶六万余箱；浏阳红茶二万余箱；醴陵、湘阴、桃源等县各一万余箱；此外，新化、宁乡、汉寿等县，或数千箱，或数百箱不等，与光绪初年比较，已减低一半矣。自宣统至民国元、二、三年仍保持原状。"

（5）民国时期

民国时期，湘茶特点表现为产量大，面积广，品质优，茶类主要有红茶、黑茶、绿茶。

1935 年，《中国实业志（湖南省）》（图 1-8）第四篇第六章《茶》载：

> 湖南产茶之历史，由来甚久。唐时即列为贡品之一。
>
> 制造茶叶之机关，曰茶庄，或称茶号，实则即为茶厂。茶厂向茶户收买毛茶，加工制造，即成箱茶（红茶）、花香、毛红、梗子等等出品。湘省茶厂，专制红茶、黑茶二种，外销者亦以此二种为多，绿茶多零星销于本省，故无大规模之制造。
>
> 在昔红茶洋庄盛旺时，湖南全省茶厂有千余家之多，近年华茶销路日蹙，茶厂纷纷倒闭。廿二年中俄复交，始有稍稍复业者。据此次调查，全省共有茶厂 184 家，平江最多，计 84 家，临湘次之，计 36 家，安化又次之，计 34 家，其余长沙 15 家，湘阴 8 家，新化 4 家，浏阳 3 家。此 184 家茶厂中，专制红茶（箱茶）者凡 71 家，专制黑茶者凡 26 家，专制毛红者凡 65 家，兼制红茶、花香、毛红、茶梗者凡 22 家。

1935 年，湖南茶事试验场刊物之十《湖南茶叶概况调查报告书》印发，该报告记述了各产茶县的地势、交通、栽培、制造、贸易、运销。

1937 年，湖南省第三农事试验场编《湖南之茶业》第一章（图 1-9）载：

> 湖南全省，山脉纵横，且有湘、资、沅、澧四水，由西南灌注于西北之洞庭湖。

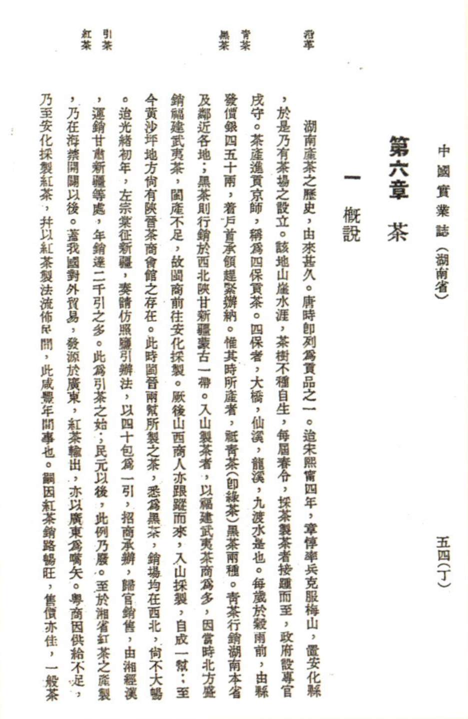

中國實業誌（湖南省） 五四（丁）

第六章 茶

一 概說

沿革

湖南產茶之歷史，由來甚久。唐時即列為貢品之一。迨宋熙甯四年，章惇率兵克服梅山，置安化縣，於是乃有茶場之設立。該地山崖水涯，茶樹不種自生，每屆春令，採茶製茶者接踵而至，政府設專官戍守。茶產進貢京師，稱為四保貢茶。四保者，大橋，仙溪，龍溪，九渡水是也。每歲於穀雨前，由縣發價銀四五十兩，着戶首承領趕緊辦納。惟其時所產者，祇青茶(即綠茶)黑茶兩種。

青茶 黑茶

青茶行銷湖南本省及鄰近各地；黑茶則行銷於西北陝甘新疆蒙古一帶。入山製茶者，以福建武夷茶商為多，因當時北方盛銷福建武夷茶，閩產不足，故閩商前往安化採製。厥後山西商人亦跟蹤而來，入山採製，自成一幟；至今黃沙坪地方尚有陝晉茶商會館之存在。此時閩晉兩幫所製之茶，悉為黑茶，銷場均在西北，尚不大暢。

引茶 紅茶

迨光緒初年，左宗棠征新疆，奏請仿照鹽引辦法，以四十包為一引，招商承辦，歸官銷售，由湘經漢，運銷甘肅新疆等處，年銷達二千引之多。此為引茶之始；民元以後，此例乃廢。至於湘省紅茶之產製，乃在海禁開關以後。蓋我國對外貿易，發源於廣東，紅茶輸出，亦以廣東為嚆矢。粵商因供給不足，乃至安化採製紅茶，并以紅茶製法流佈民間，此咸豐年間事也。嗣因紅茶銷路暢旺，售價亦佳，一般茶

图 1-8 《中国实业志（湖南省）》（部分）

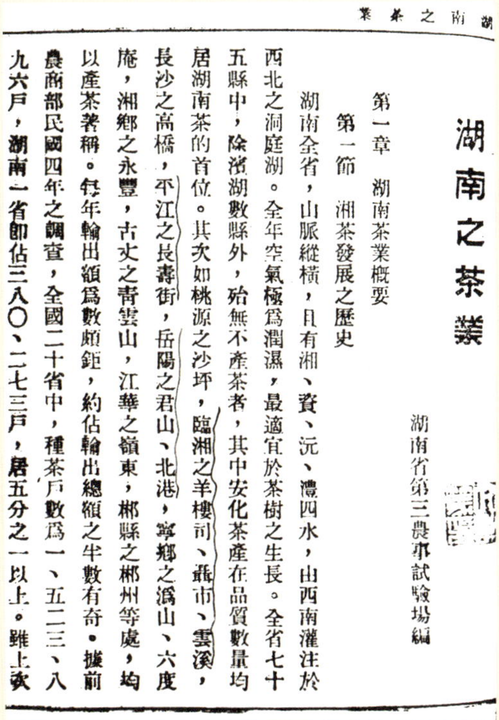

湖南之茶業

湖南之茶業

湖南省第三農事試驗場編

第一章 湖南茶業概要

第一節 湘茶發展之歷史

湖南全省，山脈縱橫，且有湘、資、沅、澧四水，由西南灌注於西北之洞庭湖。全年空氣極為潤濕，最適宜於茶樹之生長。全省七十五縣中，除濱湖數縣外，殆無不產茶者，其中安化茶產在品質數量均居湖南茶的首位。其次如桃源之沙坪，臨湘之羊樓司、聶市、雲溪，長沙之高橋，平江之長壽街，岳陽之君山、北港，寧鄉之溈山、六度庵，湘鄉之永豐，古丈之青雲山，江華之嶺東，郴縣之郴州等處，均以產茶著稱。每年輸出額為數頗鉅，約佔輸出總額之半數有奇。據前農商部民國四年之調查，全國二十省中，種茶戶數為一、五二三、八九六戶，湖南一省即佔三八〇、二七三戶，居五分之一以上。雖上致

图 1-9 《湖南之茶业》（部分）

全年空气极为润湿，最适宜于茶树之生长。全省七十五县中，除滨湖数县外，殆无不产茶者，其中安化茶产在品质数量均居湖南茶的首位。其次如桃源之沙坪，临湘之羊楼司、聂市、云溪，长沙之高桥，平江之长寿街，岳阳之君山、北港，宁乡之沩山、六度庵，湘乡之永丰，古丈之青云山，江华之岭东，郴县之郴州等处，均以产茶著称。每年输出额为数颇巨，约占输出总额之半数有奇。

湘茶产量之丰，甲于全国，产区面积之广，遍及全省。据国民政府主计处民国二十一年（1932）及二十二年（1933）之调查，全国十三省中之茶产量，以湖南为最多，在一百六十万担以上。重要茶区，为安化、临湘、沅陵、桃源、新化、湘阴、平江、湘乡、浏阳、醴陵、长沙、岳阳、石门等县。外省茶商以地域分湘茶如下列数种：（一）安化茶，（二）桃源茶，（三）长寿街茶（属平江县之长寿街），（四）高

桥茶（属长沙县之高桥），（五）醴陵茶，（六）浏阳茶，（七）湘潭茶，（八）聂家市茶（产临湘县聂家市），（九）云溪茶（产临湘县云溪地方）。

1938 年，湘北大门临湘沦陷，11 月 9 日，日本侵略军一路攻取长安，另一路沿长江侵入陆城，火烧陆城街。后来湖南战乱频仍，交通受阻，茶叶产量大减。民国末年，全省茶园仅剩 3.2 万公顷，年产茶仅 9 750 吨，但产茶量仍位居全国前列。

2. 现代湘茶

现代茶叶产销从名优茶生产视角可分为三个时期：恢复生产期、名茶发展期、品牌发展期。

（1）恢复生产期（1950—1984 年）

中华人民共和国成立后，茶叶生产逐步恢复和发展，茶叶生产加工技术不断提高，名优茶有所创新，茶叶加工品类齐全，茶叶已成为山区农民脱贫致富的支柱产业。这一时期的特点是老茶园不断恢复，茶园面积、产量出现"增—减—增"的态势，推广化肥用以提高茶叶单产，将化学农药用于防治病虫害，茶叶加工由手工改为机械，制茶效率提高，茶叶由国家统购统销。湖南在第一个五年计划时期（1953—1957 年），广辟茶园，推广制茶机械，生产效率有所提高；第二个五年计划时期（1958—1962 年），毁茶种粮，茶叶减产；第三个五年计划时期（1963—1970 年），开荒种茶，茶园面积恢复。此后湘茶产业稳步发展。

这一时期我国茶叶实行计划管理和派购政策，省间调拨，中央茶叶主管部门（中国茶叶公司、全国供销合作总社茶叶局）统一管理，下达调拨计划到各省区市的茶叶公司。湖南为产茶大省，调出品种主要是花茶与绿茶。省内销售，由省茶叶主管部门统一管理，统一价格，统一下达销售调拨计划。茶农所产茶叶，大部分由国家收购，按照计划调拨给供销合作社门市部销售。销售品种以绿茶为主，另有少量红茶、黑毛茶。零售茶叶实行全省统一售价。

以 1980 年执行的派购计划为例，全省收购特种茶 11 520 千克，其中银针 20 千克，君山毛尖 1 500 千克，古丈毛尖 1 750 千克，北港毛尖 4 500 千克，沩山毛尖 1 750 千克，其他毛尖 2 000 千克。

（2）名茶发展期（1985—2000 年）

1984 年 6 月，国务院国发〔1984〕77 号文，转发商业部《关于调整茶叶购销政策和流通体制改革意见的报告》，决定将内销茶和出口茶市场彻底放开，实行议购议销。这项政策对中国茶叶行业具有深远意义，茶叶行业民营经济逐步成为主体。1985 年后市场放开，除边销茶外，其他茶叶实行议购议销，自由销售。市场经营主体增加，精制茶厂增多，茶叶价格随行就市，茶树无性系良种茶园增加，茶园无公害栽培技术得到推广。这一时期，各地都在创制名茶，群雄逐鹿，各领风骚，品名虽多，但单个茶品的产量一般不高，生产者品牌意识淡薄，有名茶但缺名牌。以 1993 年为例，首次参加省级茶叶质量比赛获奖的地方名茶就有 15 个。2000 年，中国农业出版社出版的《中国名茶志》（王镇恒、王广智主编）共 21 卷，其中湖南卷收录名茶 131 种，按创制时间分，有历史名茶 9 种，民国期间 1 种，20 世纪 50—70 年代 14 种，20 世纪 80—90 年代 107 种。这说明 20 世纪 80 年代以后，特别是 1985 年市场放开后，名茶数量迅速增加。

（3）品牌发展期（2001 年至今）

这一时期，湖南重视品牌建设，整合资源，打造企业品牌和区域公用品牌，茶树良种面积继续扩大，茶树栽培转向绿色食品、生态有机茶生产，茶叶加工走向机械化、清洁化，一批规模化、智能化加工厂建成，实现了多茶类生产。

2011 年 3 月，湖南省茶界将湘茶产业十年发展目标定为综合产值 1 000 亿元。

2013 年，湖南省在全国率先提出了"建设茶叶强省，打造千亿产业"的目标，为了实现这一目标，省政府先后出台了《关于全面推进茶叶产业提质升级的意见》（湘政发〔2013〕26 号）和《湖南省茶叶产业发展规划》（湘政办发〔2014〕6 号），明确了"千亿茶产业"的发展规划。长沙市内高桥茶市、长沙茶市、长沙县星沙茶市、益阳茶市、岳阳茶博城相继建成开业；茶叶销售渠道拓展，线上线下发力，既有传统的茶叶交易博览会、批发市场、实体店，又有电子商务、直播、抖音、快手等新销售渠道。

2019 年，湖南省茶叶行业工作会议首次提出"三湘四水五彩湘茶"品牌发展格局。湘茶的"五彩"代表湖南的五大茶类，涵盖"潇湘（绿）茶""湖南红茶""安化黑茶""岳阳黄茶""桑植白茶"5 个公共品牌。

2021 年，湖南省茶业综合产值达到 1 012 亿元（湖南省茶业协会统计），其中，第一产业（农业）产值 252 亿元，第二产业（含精深加工）产值 430 亿元，第三产业（含茶旅融合）产值 330 亿元。全省茶园面积已达 22.53 万公顷，年产量突破 32.28 万吨。

政府、行业组织和龙头企业统筹做好茶文化、茶产业、茶科技这篇大文章，延伸茶产业链，推动茶产业与旅游产业、健康养生产业、文化创意产业、会展产业等跨界融合发展，湘茶产业已成为湖南省农业产业中最具优势的特色产业。

湖南名茶品类

1. 历史名茶

自晋代以来，历代都有代表性名茶和大宗茶，其中，魏晋南北朝1种，唐代14种，宋代31种，明代8种，清代31种，民国25种（表1-1）。

表1-1 湖南历史名茶一览表

茶名	产地	朝代	文献出处
武陵茶	武陵山区	魏晋南北朝	《荆州土地记》
潭州茶、阳团茶、渠江薄片	潭州	唐	杨晔《膳夫经手录》
衡山（团饼）茶	潭州衡山	唐	裴汶《茶述》、杨晔《膳夫经手录》
石廪茶、方及茶	潭州衡山	唐	李群玉《龙山人惠石廪方及团茶》
衡州茶	衡山、茶陵	唐	陆羽《茶经》
西山绿茶	湖南	唐	刘禹锡《西山兰若试茶歌》
茶陵茶	茶陵	唐	《茶陵图经》
溪州茶芽	溪州	唐	杜佑《通典》
独行灵草	潭州	唐、宋	陈仁锡《潜确类书》
黄翎毛、含膏冷	岳州	唐、宋	陈仁锡《潜确类书》
邕湖茶（邕湖含膏）	岳州	唐、宋	李肇《唐国史补》、裴汶《茶述》、杨晔《膳夫经手录》、范致明《岳阳风土记》

茶名	产地	朝代	文献出处
渠江薄片	潭州	五代、宋	毛文锡《茶谱》、吴淑《茶赋》
长沙茶	潭州	宋	王存《元丰九域志》
小月团	潭州衡山	宋	释惠洪《将登南岳绝顶而志上人以小团斗夸见遗作诗谢之》
沩山茶	宁乡沩山	宋	释惠洪《谢大沩空印禅师惠茶》《题沩山立雪轩》等
白鹤茶、龙窖山茶	岳州	宋	范致明《岳阳风土记》
仙芝、玉津、先春、绿芽	潭州、岳州、辰州、澧州	宋	《宋史·食货志》
芽茶	鼎州	宋	陈承《本草别说》
岳麓茶	长沙岳麓山	宋	魏野《诗一首》
片金、金茗	潭州	宋、元	马端临《文献通考》
大巴陵、小巴陵、开胜、开卷、小卷生	岳州	宋、元	马端临《文献通考》
双上、大小方	岳州、辰州、澧州	宋、元	马端临《文献通考》
岳麓、草子、杨树、雨前、雨后	荆湖路	宋、元	马端临《文献通考》
桃源野茶	桃花源	明	张镜心《桃花源六绝》
九嶷山茶	九嶷山（宁远）	明	王慎中《唐有怀以九嶷之茶分赠》
渠江茶、铁色茶	潭州	明	黄一正《事物绀珠》
龙窖山芽茶	临湘县	明	弘治《岳州府志》
含膏茶、黄翎毛	岳州	明	黄一正《事物绀珠》、陈仁锡《潜确类书》、张谦德《茶经》
南岳茶	南岳	明、清	王夫之《南岳赋》
安化茶	安化县	清	赵学敏《本草纲目拾遗》、陶澍《咏安化茶》
新化茶	新化县	清	谢梅林《过新化文仙山下》
闓林茶	衡州府	清	刘献廷《广阳杂记》、乾隆《湖南通志》等
嶷茶	九嶷山（宁远）	清	嘉庆《湖南通志》
桂东土茶	桂东县	清	同治《桂东县志》

茶名	产地	朝代	文献出处
沅江茶	沅江县	清	张其禄《沅江竹枝词》
黄竹岭茶（黄竹白毫）	永兴县	清	《大清一统志》、李补《饮黄竹岭茶》
峒茶	永顺府	清	同治《永顺府志》
高桥茶	长沙县	清	《长沙高桥茶埠竹枝词》
景阳山茶	茶陵、洣江	清	同治《茶陵州志》
贡尖、贡兜	巴陵县（君山）	清	宣统《湖南乡土地理参考书》
君山茶、白毛尖	巴陵县（君山）	清	康熙《岳州府志》、嘉庆《巴陵县志》、同治《巴陵县志》、江昱《潇湘听雨录》等
兰芽、锅青、北港茶	巴陵县	清	嘉庆《巴陵县志》、同治《巴陵县志》等
红桥茶、化钱炉茶、河塘茶、（滆湖诸山）各洞茶	巴陵县	清	光绪《巴陵乡土志》
黑茶	岳州府	清	叶瑞廷《莼蒲随笔》、光绪《巴陵乡士志》、同治《巴陵县志》、宣统《湖南乡土地理参考书》
文家铺茶、白鹤山茶	湘阴县	清	乾隆《湘阴县志》
南泉寺白鹤山茶、仙人石茶	湘阴县	清	道光《湘阴县志》
临湘茶、龙窖源茶	临湘县	清	弘治《岳州府志》、乾隆《岳州府志》、康熙《临湘县志》
砖茶（方砖）	湖南临湘、湖北赤壁	清	周顺倜《莼川竹枝词》、赵尔巽《清史稿》
红茶	临湘县、平江县、安化县、慈利县	清、民国	同治《巴陵县志》、同治《平江县志》、嘉庆《慈利县志》、民国《湖南经济调查》、曾继梧《湖南各县调查笔记》、雷男等《湖南安化茶叶调查》、容闳《西学东渐记》等
八面山茶	桂东县	民国	曾继梧《湖南各县调查笔记》
雀塘铺虹桥茶	邵阳	民国	曾继梧《湖南各县调查笔记》
塔山（山岚）茶	常宁塔山	民国	曾继梧《湖南各县调查笔记》
五盖山茶	郴县五盖山	民国	曾继梧《湖南各县调查笔记》
沙坪茶	桃源县	民国	曾继梧《湖南各县调查笔记》
界亭镇茶	沅陵县	民国	曾继梧《湖南各县调查笔记》
老青茶（老茶）	临湘县	民国	金陵大学农学院农业经济系《湖北洋楼洞老青茶之生产制造及运销》

（续）

茶名	产地	朝代	文献出处
黑茶	临湘县	民国	曾继梧《湖南各县调查笔记》、金陵大学农学院农业经济系《湖北洋楼洞老青茶之生产制造及运销》
青砖茶	临湘县	民国	《安徽实业杂志》续刊6期《汉口茶商复俄员之详情》
黑砖茶（黑茶砖）、茯茶砖	安化县	民国	彭先泽《安化黑茶砖》
绿茶、青茶、老茶、花香茶	湖南各地	民国	傅角今《湖南地理志》
君山茶（毛尖、兜茶）、君山绿茶、北港茶	岳阳县	民国	傅角今《湖南地理志》
毛尖、雨前	长沙、宁乡、常宁	民国	傅角今《湖南地理志》
园茶	衡阳、浏阳、湘阴、湘乡	民国	傅角今《湖南地理志》
洞茶（一种红茶）	零陵	民国	傅角今《湖南地理志》
峒茶	永顺县	民国	傅角今《湖南地理志》
鹤峰茶	石门县	民国	傅角今《湖南地理志》

2. 现代名茶

（1）现代名茶概述

湖南现代名茶发展分为两个阶段。1949—1984年，以生产历史名茶（包括恢复一度失传的历史名茶）为主，新创名茶为辅；1985年以后，新创名茶如雨后春笋般涌现。

1954年，君山银针在德国莱比锡国际博览会上展出并获金奖。1955—1956年，君山银针参加日本、印度、印度尼西亚等地展览，深受各国人士和海外华人的一致赞赏（图1-10、图1-11）。1957年，君山银针进入中国十大名茶行列，彰显了湘茶在全国名茶中的重要地位。

20世纪50年代末到60年代初，湖南省先后创制了高桥银峰、安化松针、湘波绿等名茶新品。20 世纪 70 年代，研制出韶峰、南岳云雾等名茶，同时研制出速溶茶，丰富了茶叶商品品类。

1981 年，湖南省召开名茶评比会，评出当年湖南八大名茶：君山银针、安化松针、桂东玲珑茶、保靖毛尖、大庸毛尖、北港毛尖、临湘毛尖、华容毛尖。

1983 年，湖南省茶叶研究所主编的《湖南名茶》推介名茶 25 种（含仍在生产的历史名茶）。湘东名茶有高桥银峰、湘波绿、河西园茶、东湖银毫、岳麓毛尖，湘南名茶有五盖山米茶、郴州碧云、江华毛尖、桂东玲珑茶、骑田银毫、黄竹白毫，湘西名茶有古丈毛尖、碣滩茶、官庄毛尖、大庸毛尖，湘北名茶有君山银针、君山毛尖、北港毛尖、石门牛抵茶、白石毛尖，湘中名茶有安化松针、南岳云雾茶、沩山白毛尖、韶峰、雪峰毛尖。

1992 年，上海文化出版社出版的《中国茶经》（陈宗懋主编）载有历代名茶。其中唐代湖南名茶有衡山茶（石廪茶、閴林茶）、（岳州）灉湖含膏；元代湖南名茶有岳州的大巴陵、小巴陵、开胜、开卷等，澧州的双上、绿芽、小大方，荆湖（今湖北武昌至湖南长沙一带）的雨

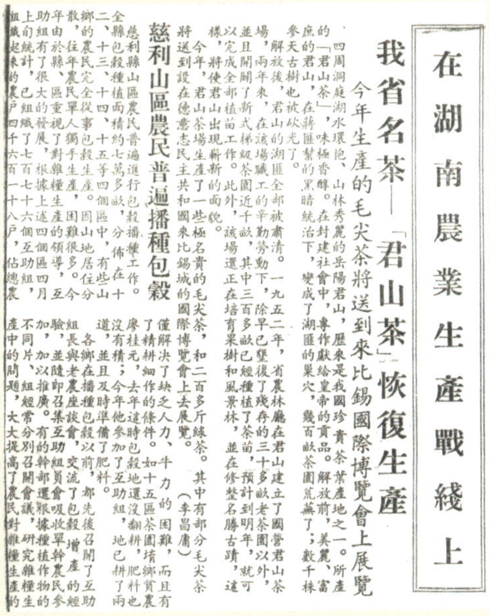
在湖南農業生產戰綫上

我省名茶——「君山茶」恢復生產

今年生產的毛尖茶將送到來比錫國際博覽會上展覽

四周洞庭湖水環抱、山林秀麗的岳陽君山，歷來是我國珍貴茶葉產地之一。所產的「君山茶」，味極香醇。在封建社會中，專作獻給皇帝的貢品。解放前，美麗、富庶的君山，在蔣匪幫的黑暗統治下，變成了湖匪的巢穴，幾百畝茶園荒蕪了；數千株參天古樹也被砍光了。

解放後，君山的湖匪全部被肅清。一九五二年，省農林廳在君山建立了國營君山茶場，兩年來，在該場職工的辛勤勞動下，除早已墾復了殘存的三十多畝老茶園以外，並且開闢了新式梯級茶園近千畝，其中三百多畝已經種植了茶苗，預計到明年，就可以完成全部植苗工作。此外，該場還正在培育果樹和風景林，並在修整名勝古蹟，這樣，將使君山出現嶄新的面貌。

今年，君山茶場生產了一些極名貴的毛尖茶，和二百多斤綠茶。其中有部分毛尖茶將送到設在德意志民主共和國來比錫城的國際博覽會上去展覽。（李昌庸）

慈利山區農民普遍播種包穀

慈利縣山區農民普遍進行包穀播種工作。全縣包穀種植面積約七萬多畝，分佈在十二、十三、十四、十五等四個區中，有些山鄉的農民完全從事包穀生產。因山地居住分散，往年農民單人獨手生產，困難很多。今年由於縣、區重視了對雜糧生產的領導，互助組有了很大的發展，根據上述四個區四月上旬統計，已組織了七百七十六個互助組，組織起來的農戶四千六百一十八戶，佔總農

僅解決了缺乏人力、牛力的困難，而且有了精耕細作的條件。如十五區茶園塆鄉貧農廖桂元，去年這時包穀地還沒翻耕，肥料也沒有積；今年他參加了互助組，地已耕了兩道，並且及時準備了肥料。

各鄉在播種包穀以前，都先後召開了互助組長與老農座談會，交流了包穀增產的經驗，並隨即召集互助組員會吸收單幹農民參加，加以推廣。有的幹部還根據種植作物的不同片、組經常分別召開會議，研究雜糧生產中的問題，大大提高了農民對雜糧生產的

图 1-10 1954 年 5 月 15 日《新湖南报》报道（部分）

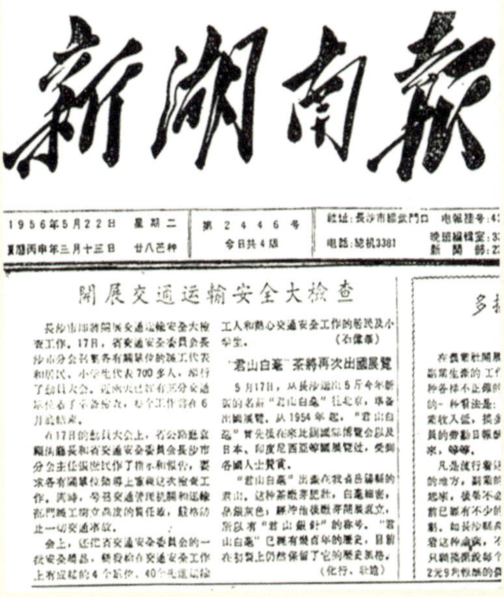
新湖南報

1956年5月22日 星期二

第 2 4 4 6 号 今日共4版

開展交通运輸安全大檢查

"君山白毫"茶將再次出國展覽

5月17日，从長沙运出5斤今年新製的名茶"君山白毫"往北京，準备出國展覽。从1954年起，"君山白毫"曾先後在來比錫國际博覽会以及日本、印度尼西亚等國展覽过，受到各國人士贊賞。

"君山白毫"出產在我省岳陽縣的君山。这种茶嫩芽肥壯，白毫細密，呈銀灰色，經冲泡後嫩芽間展竖立，所以有"君山銀針"的称号。"君山白毫"已經有幾百年的歷史，目前在製製上仍然保留了它的歷史風格。

图 1-11 1956 年 5 月 22 日《新湖南报》报道（部分）

前、雨后、杨梅、草子、岳麓；清代湖南名茶有君山银针；现代湖南名茶 32 种。

1993 年，湖南科技出版社出版的《湖南名茶》（彭继光主编）一书，推介了湖南历史名茶 11 种，有古丈毛尖、君山银针、君山毛尖、北港毛尖、南岳云雾、沩山毛尖、碣滩茶、官庄毛尖、甑山银毫、玲珑茶及江华毛尖；中华人民共和国成立后新创名茶 50 种。

2000 年，中国轻工业出版社出版的《中国茶叶大辞典》（陈宗懋主编）载：至 20 世纪 90 年代，湖南省传统名茶和新创名优茶已达 60 余种。

2005 年年底，湖南省茶叶学会评出"湖南十大名茶"（当年仅评定绿茶类和黄茶类），包括君山银针、高桥银峰、古丈毛尖、金井毛尖、兰岭绿之剑、东山秀峰、南岳云雾、石门银峰、安化松针和野针王；同时评出的湖南名茶特等奖产品有狗脑贡茶、紫艺春雪、北港毛尖、白鹤井茶、沩山毛尖、三益竹峰、羊鹿毛尖、碣滩茶、腾琼野茶王等，获得湖南名茶一等奖产品有太青野芽王、龙华春毫、仙人云雾茶。

2010 年，由湖南省农业厅牵头，湖南省茶业协会、湖南省茶叶学会组织，评出"湖南十大茶品牌"（君山、白沙溪、沙漠之舟、金井、怡清源、猴王、湘丰、湘益、天牌、巴陵春 10 个企业品牌）与 4 个地方公共品牌（古丈毛尖、安化黑茶、保靖黄金茶、石门银峰）。

2015 年，米兰世界博览会中国馆中国茶文化周组委会启动"百年世博中国名茶金奖（金骆驼奖）"评选活动，在全国评选出 20 个公共品牌金奖、50 个企业品牌金骆驼奖。湖南省获公共品牌金奖 5 个，有沅陵碣滩茶、安化黑茶、古丈毛尖、石门银峰、岳阳黄茶；获企业品牌金骆驼奖 12 个，有官庄干发牌碣滩银毫、辰州碣滩牌（青山）有机绿茶、茶祖印象牌茶祖三湘红、臻溪牌金毛猴红茶、卧龙源烟溪红茶、紫艺牌紫冰茯茶、湘益牌领头羊 2015 茯茶、华莱健牌千两茶、国茯牌 1373 茯茶、白沙溪牌千两茶、渠江薄片、君山牌君山银针。

2016 年，第八届湖南茶叶博览会组委会评出湖南"十大茶叶公共品牌"，有安化黑茶、沅陵碣滩茶、南岳云雾、古丈毛尖、保靖黄金茶、石门银峰、岳阳黄茶、桃源大叶茶、常德武陵红、汝城白毛茶。

一些学会组织也举办了名优茶评比活动。例如，1994—2009 年，湖南省茶叶学会共举办了九届"湘茶杯"名优茶评比；2016—2018 年，湖南省茶叶学会、湖南省茶业协会、湖南省大湘西茶产业促进会联合举办了三届"潇湘杯"湖南省名优茶评比。此外，湖南农业博览会、湖南茶业博览会等会展活动也开展了名优茶评比。这些活动促进了湖南名优茶产业的发展。

（2）湖南十大名茶

2018年，湖南茶业科技创新论坛发布了"湖南十大名茶"评选结果（表1-2）。此次活动由湖南省茶叶学会、湖南省茶业协会、湖南省大湘西茶产业发展促进会组织业内专家成立评审专家组，本着"公开、公平、公正"的原则，综合近三年名优茶评比结果和参评名茶的产销历史文化、产销规模、市场占有率、品牌知名度、产业带动能力等因素，经充分调研、反复讨论，最终投票评选出"湖南十大名茶"（图1-12）。

图1-12 湖南十大名茶分布区域

表1-2 湖南十大名茶一览表

茶名	茶类	产区
安化黑茶	黑茶	益阳市部分县区
黄金茶	绿茶、红茶、白茶	湘西土家族苗族自治州
古丈毛尖	绿茶	湘西土家族苗族自治州古丈县
碣滩茶	绿茶	怀化市沅陵县
石门银峰	绿茶	常德市石门县
南岳云雾	绿茶	衡阳市
桂东玲珑茶	绿茶	郴州市桂东县
岳阳黄茶	黄茶	岳阳市
桃源红茶	红茶	常德市桃源县
新化红茶	红茶	娄底市新化县

三

湖南名茶成因

名茶是茶中珍品，其产生不是偶然的，优越的生态环境、优良的茶树品种、严格的采摘标准、精湛的加工工艺、多年的品牌培育，五个因素缺一不可。

1. 优越的生态环境

良好的生态环境，有利于茶树鲜叶中有效成分的形成和积累。

湖南位于北纬 25°～30°，属亚热带季风气候，光热充足，降水丰沛，雨热同期，气候条件比较优越。年平均气温 16～18℃，春季温暖，夏季炎热，秋季凉爽，冬季寒冷，四季分明，适宜茶树生长。

历代名茶产区，生态环境优越，往往同为名胜风景区。

唐代刘禹锡形容岳阳君山："遥望洞庭山水翠，白银盘里一青螺。"唐代张说七言律诗《澧湖山寺》，为我们再现了古澧湖茶产地画卷——"空山寂历道心生，虚谷迢遥野鸟声"。山林寂寂滤尽了俗念凡尘，空荡的山谷里传来山鸟啼鸣。明代谢梅林《过新化文仙山下》诗云："一县绿荫里，江山似永嘉。"诗中盛赞新化县绿树成荫，山清水秀，茶产品成为输官贡茶。清刻本《南岳古九仙观九仙传》中，《雨前岳茗》描述南岳茶产地风光："寿岳之茗，祝融称善。云雾作幕，烟霞为幔。得灵气之氤氲……"

2. 优良的茶树品种

优良的茶树品种，以及与品种相关的茶树芽叶性状、有效成分等，是名茶品质形成的物质基础。每一种名茶，都有其适制品种，或本地培育，或外地引种。

安化云台大叶种，产自安化县云台地区，是安化群体品种的代表和湖南珍稀地方特色茶树种质资源，有"黑茶芯片"的美誉。云台山大叶种茶制作的安化黑茶，其茶多酚和氨基酸的含量丰富，香气纯正，入口滑爽，滋味浓厚。黄金茶茶树品种，为湘西州古老、特异、珍稀的地方茶树种质资源，最适合加工绿茶类名茶。桃源大叶 1 号、2 号，主制桃源红茶。银针 1 号，由岳阳君山茶场自行培育而成，适制岳阳黄茶君山银针（图 1-13）。

图 1-13　岳阳君山公园内的银针 1 号茶叶基地

3. 严格的采摘标准

各种名茶的开采时间、芽叶质量、采摘方法，都有严格的要求。

岳阳黄茶君山银针，采摘方法十分讲究。其原料为茶树单芽，清明前后一周采摘，芽头长 25 ～ 30 毫米，宽 3 ～ 4 毫米，芽柄长 2 ～ 3 毫米。"十不采"应是各类茶叶中相当严苛的采摘规定，包括雨天不采、露水叶不采、细瘦芽不采、空心芽不采、紫色芽不采、风伤芽不采、虫伤芽不采、病害芽不采、开口芽不采、弯曲芽不采。

安化黑茶鲜叶采摘，嫩度要求宽松一些。但高档黑毛茶原料，特级以一芽一、二叶为主，一级以一芽二、三叶为主。

4. 精湛的加工技艺

不同名茶，其原料选择、加工工序、技术参数、配套设备，无论手工制茶，还是机制，都有严格的要求。十大名茶均有各自的加工技术规程（标准），其手工制法继承非物质文化遗产，机械加工则遵循地方标准，或团体标准，或地理标志管理规定。

5. 多年的品牌培育

湖南十大名茶，横空出世，惊艳业界。其获得十大名茶荣誉，历经了长期奋斗，是地方政府、茶叶社团、茶叶企业共同发力、苦心经营培育的结果。

截至 2021 年 12 月，益阳市已举办 5 届"湖南·安化黑茶文化节"，提升了安化黑茶的知名度；湘西州已举办 6 届"湘西黄金茶品茶节"，擦亮了湘西黄金茶产业的名片；古丈县已举办 5 届"中国古丈茶旅文化节"，掀起了古丈茶旅热潮；石门县连续举办 18 届"请喝一碗石门茶"主题活动，让石门茶叶走出大山，走出湖南；岳阳市多次主办或承办岳阳黄茶文化节、全国黄茶斗茶大赛，彰显了"中国黄茶之乡"的风采。

四

湖南十大名茶亮点

1. 优异的茶叶品质

湖南十大名茶，品质优异，色香味形，各有特色。绿茶汤色碧绿，栗香持久；红茶"花蜜香、甘鲜味"；黄茶黄叶黄汤、滋味醇和回甘；黑茶汤色橙红，滋味醇厚，历久更添几分陈韵。

名茶的品质特色，固定在今天的产品标准中，也活跃在历代文人的笔下。

唐代，齐己写有《咏茶十二韵》，印证了溦湖茶（岳阳黄茶的前身）的珍贵：

> 百草让为灵，功先百草成。
>
> 甘传天下口，贵占火前名。
>
> 出处春无雁，收时谷有莺。
>
> 封题从泽国，贡献入秦京。
>
> 嗅觉精新极，尝知骨自轻。

清代，陶澍的《印心石屋试安化茶成诗四首》用白描的手法记录了他对家乡黑茶的感触。其在第四首诗中写安化黑茶特色，把饮茶提升到品茶的境界。诗云：

> 茶品喜轻新，安茶独严冷。
>
> 古光郁深黑，入口殊生梗。

2. 悠久的产茶历史

湖南十大名茶，根据文献记载，最早者可以追溯至西晋，最迟者在清代（表1-3）。

表1-3　湖南十大名茶最早的文献记载

茶名	年代	文献记载	备注
黄金茶 古丈毛尖 碣滩茶 石门银峰 桃源红茶	西晋	《荆州土地记》载："武陵七县通出茶，最好。"	西晋"武陵七县"，包括今怀化市、湘西土家族苗族自治州、常德市的全部或部分行政区域
南岳云雾	西晋	杜育《荈赋》云："灵山惟岳，奇产所钟。"	杜育吟咏的是南岳衡山之茶
安化黑茶 新化红茶	唐代	杨晔《膳夫经手录》载："潭州茶，阳团茶（粗恶），渠江薄片茶（有油，苦硬）……"	安化县和新化县，在唐代均属潭州，"渠江薄片"为潭州名茶
岳阳黄茶	唐代	李肇《唐国史补》载："风俗贵茶，茶之名品益众。……湖南有衡山，岳州有邕湖之含膏。"	《唐国史补》记载唐代开元至长庆年间大事，所载岳州邕湖含膏为岳阳黄茶的前身
桂东玲珑茶	清代	清代《桂东县志》载："货之属曰桂东土茶焉。"	明末清初，县令用玲珑茶进贡

3. 深厚的文化底蕴

湖南十大名茶，有品饮价值，也有独特的养生价值，还有深厚的传统文化内涵。

沾几分"仙气"。名茶的传说常与神仙有关，让人津津乐道。传说岳阳君山的第一颗茶种是舜帝南巡时，由湘水女神（娥皇和女英）播下的（明代《登山记》碑文）。

染几分"皇气"。清代乾隆皇帝下江南时品尝到君山银针，见茶芽立于杯中，栩栩如生，十分赞许，立即将其定为贡茶。嘉庆年间，有一道台巡视湘西两岔河，品尝当地茶后，连声称道："好茶，好茶。"便赏黄金一两，并将此茶献给皇宫，后此茶被列为贡品，黄金茶由此而得名。两江总督陶澍，将安化黑茶奉送给道光皇帝，皇帝赐名"天尖茶"作为褒奖，并将其列为清朝皇帝御品茶，意为天字号茶。

融几分诗情。从古到今，中国的文人墨客品湘茶，创作了不少脍炙人口的佳句名篇。诗词曲赋、楹联散文，再现了湖南历史名茶的风采。唐代李群玉在《龙山人惠石廪方及团茶》中赞颂了南岳茶，诗云："客有衡岳隐，遗余石廪茶。自云凌烟露，采掇春山芽。"唐代齐己送友人游衡岳，盼望友人早一点惠寄岳茶回，诗《送人游衡岳》云："石桥僧问我，应寄岳茶还。"元代李德载在《阳春曲·赠茶肆》中抒发了在茶馆品茶的感受："金樽满劝羊羔酒，不似灵芽泛玉瓯，声名喧满岳阳楼。"

添几分画意。名茶入诗也入画，让湖南名茶多了几分美感。茶与表演艺术融合，产生了茶歌、茶舞、表演型茶艺；与造型艺术交融，产生了茶主题的绘画、摄影、书法、雕塑作品；与综合艺术融会，有了茶主题的戏剧、曲艺、电影、电视剧。

多几分浪漫。欣赏《采茶舞曲》，体验欢快场面；聆听名茶主题歌，感受唯美之音。《古丈茶歌》云："春茶尖尖叶儿翠呃，绿得人心也发芽，天下五洲四海客呃，逢人都夸古丈茶。"第三届安化黑茶文化节主题曲《你来得正是时候》，歌词云："你来得正是时候，当黑茶飘香的时候，我在梅山煮茶等你，静看资江悠悠。"第一届岳阳黄茶文化节推出的歌曲《黄茶缘》，歌词云："我月下抚琴邂逅你，意外的惊喜；巴陵春天黄茶缘，一切皆天意。黄叶黄汤的美丽，你轻舞羽衣；回味甘甜的口感，油然如昨昔。"

4. 优秀的非遗资源

湖南十大名茶，每一种都有属于自己的特色非遗，是产地人民的独特记忆。宝贵的非物质文化遗产具有鲜明的地方特色，体现了优秀传统文化，具有历史、文学、艺术、科学价值，是湘茶文化的典型（图1-14）。优秀的非遗文化，任岁月流转，世代传承。2022年11月，我国申报的"中国传统制茶技艺及其相关习俗"成功列入联合国教科文组织人类非物质文化遗产代表作名录，湖南千两茶制作技艺、茯砖茶制作技艺、君山银针茶制作技艺3项国家级非遗纳

图1-14 "君山银针茶制作技艺"的"初包"（左）与"精选"（右）工序

入其中一并入选，这体现出湖南名茶制作技艺对人类文化多样性的贡献。与湖南十大名茶相关的非物质文化遗产，包括制作技艺类、品茶习俗类（表1-4）。

表1-4 与湖南十大名茶相关的非物质文化遗产（代表性项目）

相关名茶	非遗名称	非遗级别	获批年份	保护单位或发生地
安化黑茶	益阳茯砖茶手筑技艺	市级（益阳市）	2007	益阳茶厂有限公司
	安化千两茶技艺	市级（益阳市）	2007	安化县茶业协会
	黑茶制作技艺（千两茶制作技艺）	国家级	2008	安化县文化馆
	黑茶制作技艺（茯砖茶制作技艺）	国家级	2008	益阳茶厂有限公司
	安化金花散茶制作技艺	县级（安化县）	2009	安化县晋丰厚茶行有限公司
	安化天尖茶传统制作技艺	市级（益阳市）	2015	湖南省白沙溪茶厂股份有限公司
	安化黑砖茶传统制作技艺	市级（益阳市）	2015	安化县晋丰厚茶行有限公司
	安化花砖茶传统制作技艺	市级（益阳市）	2015	安化县百年茂记茶行
	黑茶制作技艺（安化天尖茶制作技艺）	省级	2017	湖南省白沙溪茶厂股份有限公司
	安化黑毛茶传统制作技艺	市级（益阳市）	2017	湖南省湖红茶业有限公司
	千两茶制作技艺	联合国教科文组织人类非物质文化遗产	2022	安化县
	茯砖茶制作技艺		2022	益阳市

相关名茶	非遗名称	非遗级别	获批年份	保护单位或发生地
黄金茶	黄金古茶制作技艺	省级	2017	湘西土家族苗族自治州保靖县
古丈毛尖	古丈毛尖茶制作技艺	省级	2009	湘西土家族苗族自治州古丈县
碣滩茶	绿茶制作技艺（碣滩茶制作技艺）	省级	2021	怀化市沅陵县
石门银峰	茶俗（夹山禅茶习俗）	省级	2017	湖南省石门县夹山国有林场（湖南省石门夹山国家森林公园管理处）
南岳云雾	南岳祭茶大典	市级（衡阳市）	2016	衡阳市南岳区
	江头贡茶制作技艺	市级（衡阳市）	2013	茶产地在耒阳市龙塘镇（原江头乡）
桂东玲珑茶	玲珑茶制作技艺	省级	2012	郴州市桂东县玲珑王茶叶开发有限公司
岳阳黄茶	黄茶制作技艺（君山银针茶制作技艺）	省级	2017	湖南省君山银针茶业有限公司
	黄茶制作技艺（君山银针茶制作技艺）	国家级	2021	岳阳市君山区文化馆
	黄茶制作技艺（谷雨烟茶制作技艺）	省级	2021	岳阳市平江县
	君山银针茶制作技艺	联合国教科文组织人类非物质文化遗产	2022	岳阳市
桃源红茶 新化红茶	红茶制作技艺（湖南工夫红茶制作技艺）	省级	2017	湖南省食文化研究会

2021 年 1 月，湖南省文化和旅游厅、湖南省工业和信息化厅印发了《关于发布湖南省第一批传统工艺振兴目录的通知》，共有 56 项非遗代表性项目入选"湖南省第一批传统工艺振兴目录"。入选项目传承基础牢靠，发展前景广阔，传承人群较多，品牌效应明显。其中茶叶制作部分见表 1-5。

表1-5 湖南省第一批传统工艺振兴目录（茶叶制作部分）

相关名茶	项目编号	项目名称	分布地区
安化黑茶	I-SPZZ-1	黑茶制作技艺（千两茶制作技艺）	益阳市安化县
	I-SPZZ-2	黑茶制作技艺（茯砖茶制作技艺）	益阳市赫山区
	I-SPZZ-3	黑茶制作技艺（安化天尖茶制作技艺）	益阳市安化县
岳阳黄茶	I-SPZZ-4	黄茶制作技艺（君山银针茶制作技艺）	岳阳市君山区
黄金茶	I-SPZZ-5	绿茶制作技艺（黄金古茶制作技艺）	湘西土家族苗族自治州保靖县
古丈毛尖	I-SPZZ-6	古丈毛尖茶制作技艺	湘西土家族苗族自治州古丈县
桂东玲珑茶	I-SPZZ-7	玲珑茶制作技艺	郴州市桂东县

注：项目编号中，I为批次，SPZZ为食品制造，数字1、2等为序号。

5. 知名的公用品牌

区域公用品牌的崛起，已经成为湖南茶业最亮丽的风景之一。湖南十大名茶，在湖南上百种名茶中脱颖而出，获得地理标志保护，兼具名茶与名牌的特性（表1-6）。在2020年4月7日国家知识产权局发布《地理标志专用标志使用管理办法（试行）》前，我国地理标志管理体系分为地理标志商标、地理标志产品和农产品地理标志产品三种。部分名茶为双地标产品。同为农产品地理标志产品和地理标志商标的有保靖黄金茶等；同为地理标志产品和地理标志商标的有安化黑茶、岳阳黄茶、古丈毛尖、碣滩茶等；同为农产品地理标志产品和地理标志产品的有桃源红茶等。

湖南十大名茶具有地域性和同质性，每一种名茶，不属于某一家企业独占，它由一个区域的众多企业共同打造，其中一定会有一个或多个企业领袖品牌作为支撑。

据2024中国茶叶区域公用品牌价值评估报告，当年参与评估的部分湘茶品牌价值为：潇湘茶70.58亿元（第5名、省级多茶类公共品牌），安化黑茶52.80亿元（第11名），碣滩茶38.63亿元（第38名），岳阳黄茶30.84亿元（第54名），石门银峰28.13亿元（第61名），保靖黄金茶 15.48 亿元（第 91 名），湘西黄金茶 6.33 亿元（第 120 名），桃源红茶 6.01 亿元（第 121 名），江华苦茶 4.48 亿元（第 126 名）。

表1-6　湖南十大名茶的公共品牌属性

| 茶名 | 公共品牌名称与获批年份 | | | 备注 |
	地理标志商标	地理标志产品	农产品地理标志产品	
安化黑茶	2009 年	2010 年	—	—
黄金茶	保靖黄金茶（2011年），湘西黄金茶（2018 年）	—	保靖黄金茶（2010 年）	保靖黄金茶农产品地理标志保护范围仅为保靖县葫芦镇等 3 个乡镇
古丈毛尖	2001 年	2007 年	—	—
碣滩茶	2014 年	2011 年	—	—
石门银峰	2007 年	—	（2021 年申报）	—
南岳云雾	南岳云雾茶（2019 年）	—	—	—
桂东玲珑茶	—	2012 年	—	—
岳阳黄茶	2014 年	2014 年	平江烟茶（2020年）	"平江烟茶"农产品地理标志保护范围仅为平江县 19 个乡（镇）447 个行政村
桃源红茶	桃源大叶茶（2009 年）	2016 年	2016 年	2005 年"桃源野茶王"获国家地理标志产品保护
新化红茶	2018 年	—	—	—

注：地理标志名称与茶名一致的，仅列出获批年份。

本章执笔 ×

陈辉球　彭超　陈庆

安化县位于湘中山区，雪峰山脉与资水绵亘县境，茶树"山崖水畔，不种自生"，自北宋熙宁五年（1072）建县以来，"惟茶甲诸州县"。明中期以后，以安化黑茶为代表的"湖茶"被朝廷列入官茶，自此之后，安化黑茶一直是西北茶叶市场的大宗产品。至清代，安化黑茶已不限于边销，而是销售到全国各地，并出口欧美。安化黑茶汤色红亮，滋味醇厚，香气纯正，历久更有陈韵，适合现代人群饮用，被称为21世纪健康之饮。

第二章

安化黑茶

一

产销历史

　　安化是中国黑茶发源地之一。最迟在明代中期，安化黑茶即开始生产。此后500余年，其加工技术、花色品种、品质特征、主销地域等不断变迁，在中国茶业史上，写下了浓墨重彩的篇章。

图2-1　安化县东坪镇中国黑茶博物馆

安化当地人很早就开始利用茶叶，作食药之用。唐大中十年（856），杨晔的《膳夫经手录》（图2-2）第一次记载了安化茶叶："潭州茶，阳团茶（粗恶），渠江薄片茶（有油，苦硬），江陵南木茶（凡下），施州方茶（苦硬），已上四处，悉皆味短而韵卑，唯江陵、襄阳，皆数千里食之，其他不足记也。"此后，五代毛文锡《茶谱》又载："潭、邵之间有渠江，中有茶，而多毒蛇猛兽，乡人每年采撷不过十六七斤。其色如铁，而芳香异常，烹之无滓也。""渠江薄片，一斤八十枚。"渠江为资江的支流，流域主要在安化县，"渠江薄片"即早期的紧压安化茶。

安化古称梅山，其少数民族史称"梅山峒蛮"。五代到北宋末年，梅山峒蛮一直以走私的形式开展茶叶贸易。随着与西北民族互市所需茶叶增多，朝廷于北宋熙宁五年（1072）"开梅山"，建立了"归安德化"的安化县，隶属潭州。随即在县境设立博易场，运入米盐布帛，与土人交换茶叶和其他特产，这个博易场直到元祐三年（1088）茶叶买卖实行"通商法"后才撤

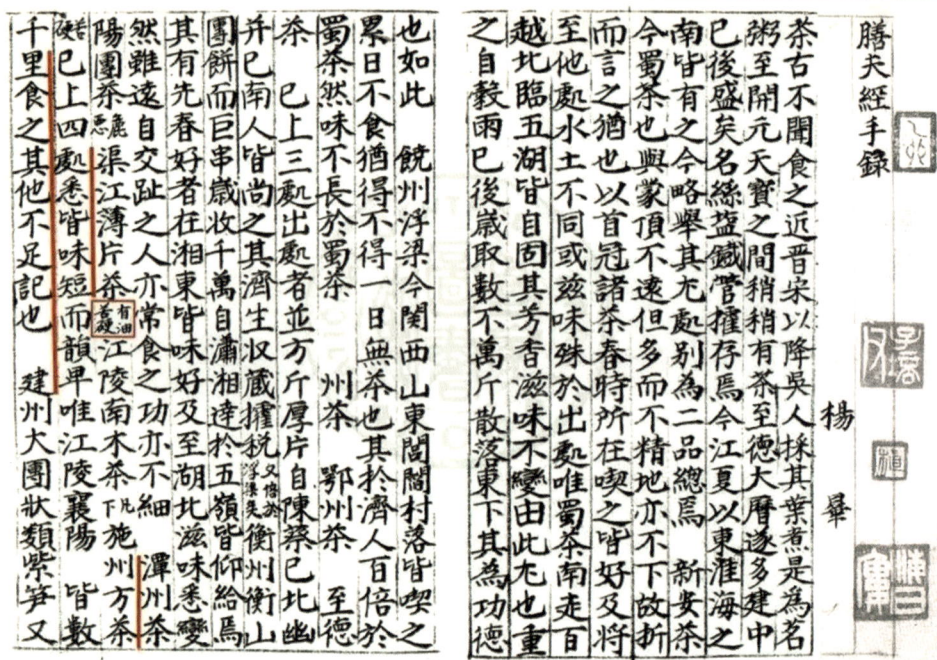

图2-2 《膳夫经手录》（部分）

销。南宋时期，安化茶叶产量增加，朝廷在安化县资水之滨的龙塘设寨，派兵戍守，保障茶路畅通。

明洪武二十四年（1391），太祖朱元璋罢造"龙团凤饼"，"唯采芽以进"，规定湖广行省安化县进芽茶，从此安化不间断贡茶500余年。每年谷雨前，在今仙溪镇境内的大桥、仙溪、龙溪、九渡水等四个乡保，由县令监督采制芽茶，史称"四保贡茶"。在贡茶的同时，安化黑茶逐步发展。明万历二十三年（1595），御史李楠奏请禁止以安化黑茶为主的"湖茶"贩销西北。万历二十五年（1597），御史徐侨认为："汉川茶少而值高，湖南茶多而值下，湖茶之行，无妨汉中。汉茶味甘而薄，湖茶味苦，于酥酪为宜，亦利番也。但宜立法严核，以遏假茶。""户部折衷其议，以汉茶为主，湖茶佐之。各商中引，先给汉川，毕，乃给湖南。如汉引不足，则补以湖引。报可。"从此安化黑茶被定为"官茶"，并逐渐取代川茶主销西北。

明末，一部分茶商尝试将安化黑茶引包踩制成"茶筒"，以缩小体积。清嘉庆年间（1796—1820），茶商与本地茶人共同创制了圆柱形的"花卷茶"，每支净重约合老秤1 000两，故又名"千两茶"。明清时期以16两为1市斤，约相当于今580克，故千两茶净重约36.25千克。

清代，安化黑茶不仅是清朝储边易马的战略物资，而且广泛用在代发军饷、扩大边贸、搞活外贸等方面。因此从清初开始，安化黑茶产销量逐步上升，从事运销的除甘陕茶商外，还增加了资本雄厚的晋商，形成东西两柜，开辟了从安化至新疆和中俄边境恰克图的"万里茶道"。在黑茶贸易最兴盛的嘉庆、道光年间，安化黑茶每年产销量达到2 000引（约合8 952吨）。安化县资江沿岸有茶市10余处，茶行、茶号多达数百家，山民"赖以完国课、活家口者，唯茶一项"。咸丰、同治年间，西北局势动荡，茶商逃散，钦差大臣、陕甘总督左宗棠推行茶务改革，改茶引为茶票，减免茶商积欠税费，增设南柜，湖南本帮茶商兴起，继续运销安化黑茶。

湘尖茶生产始于清乾隆时期，"西帮"茶商在采购引茶时，指导安化当地茶农采摘细嫩芽叶，精细筛分，制成篓装高档安化黑茶产品，当时有芽尖、白毛尖、天尖、贡尖、生尖等类别，其中天尖、贡尖、生尖的生产延续至今。

近代安化黑茶产业逐步由传统走向现代，茶产业组织化程度提高，科研教育和生产技术的发展盛极一时。1920年，湖南茶叶讲习所迁至安化，探索机械压砖，使安化成为当时全国茶业生产最先进的地区之一。彭先泽于1939年主持在安化江南坪建设砖茶厂，采用机械压制砖茶，并于次年5月试制黑砖茶获得成功，与苏联开展"易货贸易"支持抗战，此后黑砖茶作为安化黑茶的主要产品之一，持续生产至今。

　　1953 年，中国茶业公司安化砖茶厂（湖南省白沙溪茶厂前身）试验生产茯砖获得成功。1958 年，国家将茯砖的定点生产集中到湖南安化，真正实现了"产地筑制"。同时，湖南省白沙溪茶厂为减轻安化千两茶加工的劳动强度，同时适应西北牧民需求，开发了机压安化花砖茶。

二

产业发展现状

1. 概况

产业规模持续壮大。 2007 年以来，安化县审时度势，举全域之力把安化黑茶产业作为富民强县的支柱产业来打造，安化黑茶在湘茶方阵和全国茶界异军突起、享誉全国。2007—2022 年，全县茶园面积从 6 667 公顷发展到 24 000 公顷，茶叶加工量由 1 万吨增加到 8.6 万吨，综合产值由 6 亿元增加到 238 亿元，茶叶加工企业由 15 家增加到 210 家，累计纳税近 20 亿元。实现黑茶产业与精准扶贫无缝对接，全县 15 万多贫困人口中有 10 万人因茶脱贫，打造了产业脱贫的"安化模式"，安化黑茶演绎了"一片叶子成就一个产业、富裕一方百姓"的传奇。

行业地位不断巩固。 安化创建了安化黑茶国家现代农业产业园，完成了"一馆两中心"和"六大平台"建设，安化黑茶工业互联网上线运行。"湖南安化黑茶文化系统"成功入选第五批中国重要农业文化遗产，安化黑茶成为湖南省首批进入"中欧 100+100"地标产品互认互保名单的地标产品，"安化红茶""安化松针"通过了国家农产品地理标志登记。第三届中国国际茶叶博览会发布了以湖南安化、浙江安吉、福建安溪为代表的"三安经验"。安化连续 12 年位列中国茶业百强县前十强，成为中国生态产茶第一县，获得黑茶产量、茶叶税收、科技创新三个"全国第一"，2020 年获评中国"十三五"茶产业发展十强县，2021 年获评"三茶统筹"先行县域、湖南茶叶乡村振兴"十大重点县（市）"。

科技创新日新月异。 安化聘请陈宗懋、刘仲华（"茶界双院士"）和王庆等五位权威专家担任安化黑茶产业发展首席顾问，刘仲华院士领衔的"黑茶提质增效关键技术创新与产业化应用"荣获国家科学技术进步奖二等奖,其唯一的院士工作站落户安化。安化制定出台了支持企业人才队伍建设的措施,大力引进高层次人才,设置安化黑茶学校,积极培养本土人才。依托中国农业科学院茶叶研究所、湖南农业大学、湖南省农业科学院茶叶研究所等开展产学研合作,构建完善的科技创新支撑体系,加快科研成果的研发、转化和运用。从茶园到茶杯的标准体系不断健全,"安化黑茶"有地方标准 12 个(表 2-1)。茶日化用品、黑茶饮料、金花散茶、桑香茯砖、智能泡饮机等创新产品不断涌现,安化黑茶产业链条不断延伸。

表 2-1 "安化黑茶"湖南省地方标准名录

标准名称	标准编号
地理标志产品 安化黑茶 第 1 部分:黑毛茶	DB43/T 657.1—2021
地理标志产品 安化黑茶 第 2 部分:千两茶	DB43/T 657.2—2021
地理标志产品 安化黑茶 第 3 部分:湘尖茶	DB43/T 657.3—2021
地理标志产品 安化黑茶 第 4 部分:茯茶	DB43/T 657.4—2021
地理标志产品 安化黑茶 第 5 部分:黑砖茶	DB43/T 657.5—2021
地理标志产品 安化黑茶 第 6 部分:花砖茶	DB43/T 657.6—2021
地理标志产品 安化黑茶 茶树栽培技术规程	DB43/T 658—2021
地理标志产品 安化黑茶加工技术规程 第 1 部分:黑毛茶加工	DB43/T 659.1—2021
地理标志产品 安化黑茶加工技术规程 第 2 部分:成品茶加工	DB43/T 659.2—2021
地理标志产品 安化黑茶 冲泡及饮用方法	DB43/T 660—2021
安化黑茶贮存通则	DB43/T 1736—2020
安化黑茶茶艺	DB43/T 1737—2020

2.品牌建设

安化实施品牌战略,坚持政府搭台、企业唱戏,采取"公共品牌+企业品牌"联动宣传推广的模式,2009—2022 年共举办 5 届安化黑茶文化节,连续 14 年入选中国茶业百强县。历年主要品牌建设举措和成绩如下。

2008 年，安化千两茶和茯砖茶制作技艺被列入第二批国家非物质文化遗产保护名录。

2009 年，安化黑茶成为国家地理标志保护产品，"安化黑茶"证明商标被认定为湖南省著名商标（图 2-3）。

图 2-3　安化黑茶证明商标（左）及地理标志保护产品标识（右）

2010 年，安化黑茶入选上海世界博览会十大名茶。

2011 年，"安化黑茶"证明商标被认定为中国驰名商标；安化黑茶被评为中国最具带动力的茶叶区域公用品牌。

2012 年，中华全国供销合作总社授予安化县"全国茶叶科技创新示范县"称号，安化县成为湖南省首个、全国第七个获此殊荣的全国重点产茶县。

2013 年，安化千两茶的制作方法荣获湖南专利奖一等奖。

2014 年，安化县荣获中国茶业十大转型升级示范县。

2015 年，国家质检总局批准安化县创建"全国安化黑茶产业知名品牌示范区"并授牌，安化黑茶入选米兰"百年世博中国名茶金奖"。

2016 年，"黑茶提质增效关键技术创新与产业化应用"荣获国家科学技术进步奖二等奖，安化县获评中国十大生态产茶县，安化黑茶获评湖南十大农业（区域公用）品牌。

2017 年，安化黑茶获评中国十大茶叶区域公用品牌。

2018 年，安化黑茶荣获湖南十大农业品牌，安化黑茶产业园获批创建国家现代农业产业园，湖南卫视推出《黑茶大业》系列报道。

2020 年，安化黑茶农业文化系统入选中国重要农业文化遗产，"安化红茶""安化松针"

通过国家农产品地理标志登记专家评审，刘仲华院士工作站落户安化并被认定为湖南省院士专家工作站。

2021 年，安化黑茶获批中国海关出口协调制度（HS）编码。

2022 年，安化黑茶入选全国商标品牌建设优秀案例，黑茶制造特色产业集群成功闯入国家级中小工业企业集群决赛，安化黑茶在"2022 中国区域农业产业品牌影响力指数 TOP 100"中排名第 43 位，千两茶、茯砖茶制作技艺被列入联合国教科文组织人类非物质文化遗产代表作名录。

3．主要企业

截至 2022 年 5 月，获得"安化黑茶"证明商标授权使用的企业共 116 家（由安化茶业协会提供）。其中规模以上茶企 72 家，占全县规模以上企业的 39.30%；高新技术茶企 28 家，占全县 59 家高新技术企业的 47.46%。2022 年，规模以上茶企实现工业产值 93.97 亿元，占规模工业总产值的 44.54%。涌现出国家级龙头企业理想华莱、白沙溪等 3 家，中茶安化第一茶厂、芙蓉山茶业等省级龙头企业 8 家。

4．销售市场

市场营销多点发力。湖南实施"六进"工程，全面布局线下安化黑茶标准店 4 万多家。实施"全网计划"，运用互联网新技术搭建"云"卖场，在长沙成立全国首个安化黑茶离岸孵化中心，在淘宝、京东等平台开设线上旗舰店。着力打造互联网经济典范，与字节跳动在黄沙坪古茶市联合成立全国首个茶类"抖音"电商直播基地，吸引一批知名主播进驻，"互联网＋"新型营销模式不断涌现并日趋成熟。从 2021 年 1 月 1 日起，进出口税则号列新增黑茶子目，安化黑茶获批中国海关出口 HS 编码，安化黑茶进出口从此拥有了正式的"身份证"，奠定了规模化出口的基础。

三

品质特色

传统安化黑茶产品包括湘尖、三砖、千两系列。"湘尖"又称"三尖",指天尖、贡尖、生尖三种传统产品;"三砖"指安化黑砖、花砖和茯砖三种茶砖;"千两系列"指安化花卷茶,也称安化千两茶,包括千两、五百两、二百两、百两等系列产品。安化黑茶不同种类的感官品质见表2-2至表2-7。安化黑毛茶标准实物样见图2-4,安化黑茶湘尖茶成品见图2-5,安化千两茶(花卷茶)系列产品见图2-6,安化黑茶砖类传统产品见图2-7。

表2-2 安化黑毛茶(大叶种)感官品质

等级	外形	内质			
		香气	滋味	汤色	叶底
特级	一芽一、二叶鲜叶为主,色泽乌黑油润,条索紧结有锋苗,较匀整	清香高长或带松烟香	浓醇回甘	橙黄,较明亮	嫩软,较匀整,黄褐较亮
一级	一芽二、三叶鲜叶为主,色泽乌黑油润,条索紧结较匀	清香较浓或带松烟香	较浓厚	橙黄,较明亮	尚肥嫩,尚匀整,较亮
二级	一芽三、四叶及同等嫩度的对夹叶鲜叶为主,色泽黑褐尚润,条索肥壮尚匀,带嫩梗	纯正或带松烟香	尚醇和	橙黄,尚明亮	肥厚尚软,尚匀整,带嫩梗,尚亮
三级	对夹三、四叶鲜叶为主,色泽黑褐或黄褐或带竹青色,尚润,外形呈泥鳅条,有梗,尚匀净	纯正或带松烟香	尚浓	橙黄较亮	尚肥厚,尚匀,有梗,尚亮

表2-3　安化黑茶湘尖茶感官品质

品名	外形	内质			
		汤色	香气	滋味	叶底
天尖茶	团块状，有一定的结构力，搓散团块，茶叶紧结，扁直，乌黑油润	红黄	高纯	浓厚	黄褐夹带棕褐，叶张较完整，尚嫩，匀整
贡尖茶	团块状，有一定的结构力，搓散团块，茶叶紧实，扁直，油黑带褐	橙红	尚高	醇厚	棕褐，叶张较完整
生尖茶	团块状，有一定的结构力，搓散团块，茶叶粗壮，呈泥鳅条，黑褐	橙红	纯正	醇和尚浓	黑褐，宽大肥厚

表2-4　安化千两茶感官品质

外形	内质			
	汤色	香气	滋味	叶底
色泽黑褐，圆柱体形，压制紧密，无蜂窝巢状，茶叶紧结或有"金花"	橙黄或橙红	纯正，菌花香或带松烟香，十年以上者带陈香味	醇厚，当年新茶微涩，五年以上者醇和、甜润	深褐，尚嫩匀，叶张较完整

注：安化千两茶长约150～160厘米，直径约20～22厘米，净重36.25千克。除千两外，尚有万两、五千两、五百两、百两、十六两等规格。

表2-5　安化花砖茶感官品质

规格	外形	内质			
		汤色	香气	滋味	叶底
特制花砖	砖面平整，花纹图案清晰，棱角分明，厚薄一致，乌黑油润	红黄	纯正或带松烟香	醇厚微涩	黄褐，叶张尚完整，带梗
普通花砖	砖面平整，花纹图案清晰，棱角分明，厚薄一致，色泽黑褐	橙黄	纯正或带松烟香	浓厚微涩	棕褐，有梗

表2-6　安化茯砖茶感官品质

规格	外形	内质			
		汤色	香气	滋味	叶底
超级 茯砖茶	松紧适宜，发花茂盛，外形规格 一致	红黄	纯正、有 菌花香	醇厚	黄褐，尚嫩， 叶片尚匀整
特制 茯砖茶	砖面平整，边角分明，厚薄基本 一致，松紧适度，发花普通茂盛	橙红	纯正、有 菌花香	醇和	黄褐，叶张尚 完整，显梗
普通 茯砖茶	砖面平整，边角分明，厚薄基本 一致，松紧适度，发花普遍茂盛	橙红	纯正、有 菌花香	醇和或 纯和	棕褐或黄褐， 显梗

表2-7　安化黑砖茶感官品质

规格	外形	内质		
		香气	滋味	叶底
特制 黑砖	砖面平整，图案清晰，棱角分明， 厚薄一致，色泽黑褐，无杂霉	纯正或带 高火香	醇厚 微涩	黄褐或带棕褐，叶张完 整，带梗
普通 黑砖	砖面平整，图案清晰，棱角分明， 厚薄一致，色泽黑褐，无杂霉	纯正或带 松烟香	醇和 微涩	棕褐，叶张匀整，有梗

　　安化黑茶产品创新主要分为两方面：一是基于形态的创新，如直泡茶、速溶茶、黑茶饮料等；二是基于功能的创新，如荷香茯砖、桑香茯砖、糖适茯、辣木黑茶等。

特级　　　　　　　　　　　一级

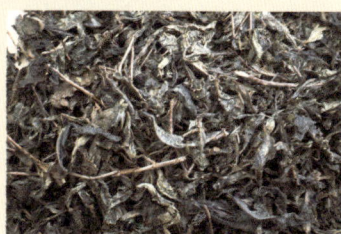

二级五等　　　　　　　三级七等　　　　　　　三级九等

图2-4　安化黑毛茶标准实物样

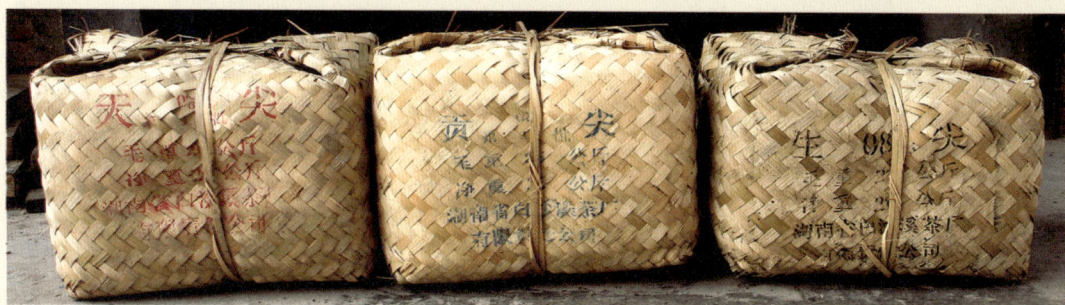

图2-5　安化黑茶湘尖茶成品

图2-6　安化千两茶（花卷茶）系列产品　　图2-7　安化黑茶砖类传统产品（从左至右依次为黑砖、花砖、茯砖）

四

产地生态环境

1. 产区地理分布

　　益阳市、安化县根据现代农业发展要求，综合比较地形地貌、土壤生态、种质资源、生产习惯等要素，按照生态优先、布局优化等原则，采用测土配方等现代农业技术，对茶园基地建设、初制加工厂、安化黑茶产业园及精制加工企业进行规划布局。2011年，根据国家对地理标志产品保护管理的要求，安化县提请益阳市人民政府制定并通过了《安化黑茶地理标志产品保护管理办法》，该办法的第三条规定：

　　安化黑茶地理标志产品保护范围（图2-8）为安化县清塘铺镇、梅城镇、乐安镇、仙溪

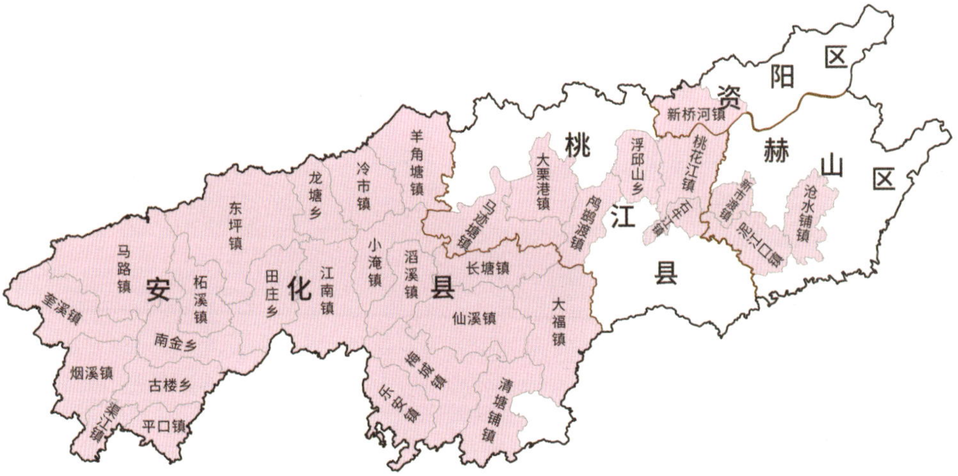

图2-8　安化黑茶地理标志产品保护范围

镇、长塘镇、大福镇、羊角塘镇、冷市镇、龙塘乡、小淹镇、滔溪镇、江南镇、田庄乡、东坪镇、柘溪镇、马路镇、奎溪镇、烟溪镇、平口镇、渠江镇、南金乡、古楼乡，桃江县的桃花江镇、石牛江镇、浮邱山乡、鸬鹚渡镇、大栗港镇、马迹塘镇，赫山区的新市渡镇、泥江口镇、沧水铺镇，资阳区的新桥河镇，共32个乡镇现辖行政区域。

安化黑茶地理标志产品保护品种为天尖、贡尖、生尖、黑砖、花砖、茯砖、安化千两茶。安化黑茶的生产、加工应当在保护范围内进行。

2. 生态条件

安化黑茶生产区域位于湘中偏北，资水中游，雪峰山北麓，生态条件优越，是茶叶生产的理想地域。产区属亚热带湿润性气候区，温暖湿润，四季分明，雨量充沛，冬少严寒、夏无酷暑。年平均气温16.2℃，1月平均气温4.2℃，常年最低气温−1～−2℃，无霜期274天，大于等于10℃的年活动积温为5 016℃，年均日照为1 376.1小时，年均降水量1 687.7毫米，年均相对湿度为81%。土质良好，有机质含量大于2%，土壤pH 4.0～6.5。核心产区冰碛砾泥岩分布广泛，是形成安化黑茶优良品质的不可复制的地质条件。

图2-9 安化茶园一角

五

鲜叶生产

1. 茶树品种

安化群体品种是湖南境内茶树地方群体品种的代表，1935 年《湖南茶厂概况调查报告书》所列当年调查的湖南 52 个产茶县中，茶树品种大部分都属于安化群体种。目前，安化黑茶产区主栽品种为槠叶齐、安化云台大叶种等，它们都源自安化群体品种。

安化云台大叶种是安化黑茶独特的"基因密码"，1957 年被列入全国 21 个优良茶树品种之一。形态特征为灌木型，大叶类，树姿半开展，分枝均匀，枝条粗壮。叶形长椭圆，叶色绿，叶片平展，有光泽，叶面微隆起，叶肉肥厚，叶尖渐尖。芽叶肥壮，叶色青绿，茸毛细密，持嫩性好，抗逆性及适用性强，丰产性好，内含物丰富。所制干茶滋味浓厚，极耐冲泡。叶片形状见图 2-10。

槠叶齐于 1957 年由湖南省茶叶研究所从安化云台山大叶种中选育而成，属全国推广的良种，湖南省主推品种。形态特征为灌木型，中叶类，树姿半开展，分枝均匀。叶形长椭圆，发芽齐整，色泽深绿，叶片平展，有光泽，叶质柔软，持嫩性好，抗逆性强，单产高，适制黑茶和绿茶。

图 2-10　云台大叶种茶树叶片

2. 茶园培管技术

　　安化坚持"小块茶园、茶中有林、林中有茶"的绿色发展模式。促进新植茶园合理布局，重点布局海拔 400 ～ 1 000 米山地、冰碛岩集中区和历史名茶区。连片规模控制在 67 公顷以内，每片茶园的生态隔离带维持在 1 000 米左右；连片 13.4 公顷以上的茶园内适度栽种各类树种，特别是木本药材。推广茶树病虫害绿色防控技术，实施化肥减量增效行动，推进茶园生产管理机械化，侧重打造有机生态、休闲观光和智慧茶园。

图 2-11　茶园培管

六

加工技术

1. 原料要求

安化黑毛茶原料为适制安化黑茶的茶树鲜叶，特级以一芽一、二叶为主，一级以一芽二、三叶为主，二级以一芽三、四叶及同等嫩度的对夹叶为主，三级以对夹三、四叶为主。

天尖茶、贡尖茶、生尖茶，分别采用一级、二级、三级安化黑毛茶为原料加工。

千两茶采用二、三级安化黑毛茶为原料压制。

超级茯砖采用一级以上安化黑毛茶压制，特制茯砖采用二级安化黑毛茶压制，普通茯砖采用三级安化黑毛茶压制。

特制花砖采用一级、二级安化黑毛茶压制，普通花砖采用三级安化黑毛茶压制。

特制黑砖采用一级安化黑毛茶为原料压制而成，普通黑砖采用二级、三级安化黑毛茶为原料压制而成。

2. 加工技术

（1）安化黑毛茶加工技术要点

工艺流程为：鲜叶摊放→杀青→揉捻→渥堆→复揉→干燥。

安化黑毛茶加工关键技术有两项：

一是渥堆。俗称"发汗"。鲜叶经杀青、初揉后，将茶坯堆积，在特定的温度和湿度条件下，使之以微生物活动为中心，通过生化动力（胞外酶）、物化动力（微生物热）以及微生物自身代谢等综合作用，改变茶叶性状，塑造黑毛茶品质风味。

二是七星灶烘焙。安化黑毛茶干燥传统工艺采用七星灶松柴明火，分层累加湿坯，长时间一次性干燥的方法。在烘焙过程中，渥堆后的湿坯多次分层叠加，一般加坯层次为 7～8 层。茶坯从上坯到最后足干要经过长时间的高温高湿作用，内含化学成分经过剧烈的水解、裂变、聚合等作用，使安化黑茶滋味变得更加醇和。

（2）湘尖茶加工技术要点

湘尖是黑茶紧压茶的上品，毛茶原料加工分为筛分、匀堆、压制三大工序。

毛茶筛分后制成湘尖的半成品，半成品各花色按筛号分层打堆。加工过程依次如下：

称茶：分次称茶或一次称茶、紧压。

汽蒸：100～102℃汽蒸 20～30 秒，茶坯吸收水分不得超过 5%。

装篓：将竹篓放在"箱形架"里，再将蒸好的茶提出装篓，动作要迅速，避免蒸汽散失。

压紧：将"箱形架"推进压机进行压制，大规格产品分次压制。压包时注意一次用力加压，以免产生回松现象。

捆包：茶包出架后，抽包过磅，检查重量后捆上十字状篾条，捆包时茶包形状要四角分明，高低规格一致。

打气针：茶包经捆紧后，在篾包上插 5 个孔，深度约 40 厘米，每个孔内插 3 根丝茅草，便于水分散失与热气散发，防止茶叶霉变。

晾干：将压制好的茶包运至通风干燥的地方晾干。经 4～5 天，检验水分含量在 12% 以内，即可出厂。

（3）安化千两茶加工技术要点

安化千两茶踩制要求在高温干燥、多晴少雨的天气条件下进行，传统踩制一般以立秋后至霜降之间不足两个月的时期为最好，其加工工艺包括称量、汽蒸、装篓、踩压整形、锁篾、晾制等 72 道工序，具体可以分为四个步骤：

一是筛分拼堆。安化千两茶的原料采用二级、三级安化黑毛茶，于踩制前先将黑毛茶进行筛分拣选，然后将筛选后的黑毛茶按不同产地、年份、等级和季节等进行拼配调整，以达到成品品质稳定的目的，拼堆备用。

二是蒸包灌篓。拼配好的原料，按每支净重 36.25 千克的规格，经司秤分 5 次、每次 7.25 千克称好，装入 5 个专用袋，在特制的蒸笼上高温汽蒸，时间约 25 分钟，使茶叶充分吸湿受热，含水量降至 20% 以下，叶质变软，同时彻底消毒杀菌。然后分 5 次装入内衬棕丝片、箬叶的篾篓内，动作必须迅速，要求入篓叶温不低于 85℃。最后将篾篓口封上（俗称"锁牛笼嘴"），用数根青篾以特殊结绳方式（民间俗称"狗公结"，是一种只能收紧不能自然放松的结绳方式）分段固定篓上，打好"本箍"，以待踩压收紧。

三是踩压定形（图 2-12）。封口之后的茶篓庞大臃肿，需要滚压踩制，以紧缩成形。踩压技工一般以 7 人为一组，1 人铺篓打杂、1 人轮班休息，正式上场者 5 人；操大小杠者为师傅，俗称"杠爷"；其余协力脚踩者称"支脚师傅"，俗称"脚老爷"。工具为一根杂木大杠、一根小杠、一个木槌。师傅以大杠有节奏地按压，其余人等辅助脚踩、绞紧、锤实，并配合滚动篾篓。基本成形后，再用小杠绞紧本箍青篾，边紧边收，茶卷逐步压紧收缩，如此反复三四次，茶卷即成紧结的圆柱状，篾篓的花纹匀称，篾片不断不破。最后再用青篾在本箍外及底部编制 6 个外箍，使茶卷更加牢固、美观。

图 2-12　安化千两茶制作中的踩压定形工序

四是晾置干燥。踩制完好的千两茶卷，要在特制的棚内晾置 40 ～ 50 天，日晒使其水分蒸发，夜露则使其内部水分重新分布，达到自然干燥。晾置棚一般离地 20 多厘米，用粗木方编成垫板，距垫板约 1.3 米处设横档木，使茶卷竖立斜靠在横档木上，离棚顶 50 厘米。晾置期内最佳气温为 25℃ 以上，相对湿度 75% 左右。晴天将晾置棚顶打开任其日晒；夜晚及雨天则必须加盖雨棚严防雨淋。其间安排专人负责，及时转动茶卷使之均匀受热、受光，并倒头一次，使其自然晾干。待卷内茶叶干透，减重 3 千克左右，即成千两茶成品。此时要在产品篾篓上加喷火漆，标明生产商姓名或字号，以示对产品质量负责。

（4）茯砖茶加工技术要点

拼堆筛分：筛制前，按照拼配比例准备原料，均匀投料。采用切碎多抖、循环切抖、分身取料、四孔成茶的筛制方法。原料茶先经滚圆筛筛分，筛网均为 4 孔，4 孔头子茶经大风机扇除砂石等杂物、经破碎机切细切断上双层抖筛（4 孔紧门），过筛后即成待拼清茶。滚圆筛机 4 孔底的茶上平圆筛机，4、8、16 孔底分别上风选机或色选机，去除砂石等夹杂物质，即成待拼清茶。

汽蒸渥堆：半成品过磅后进入蒸汽机加热。98 ～ 102℃ 汽蒸 5 分钟左右。汽蒸后渥堆，堆高 2 ～ 3 米。一般的原料堆积时间为 3 ～ 4 小时，嫩度较高的为 2 小时，直至青气消失，色泽由黄绿变为黄褐。若堆温过高，应及时开堆散热，逐层挖散茶坯，抖散团块。堆积的"半成品"叶温一般高达 75 ～ 88℃。将堆积的茶坯逐层挖散，并把堆积的高度放低，一般不超过 1.5 米。经过散热后，茶坯温度下降至 45 ～ 58℃。

压制定形：压制前扦取茶样测定水分，以决定付料量。将经过散热通气的半成品均匀上输送带入司秤机。加茶汁（用茶梗、茶果加水熬制）至半成品含水量为 22% ～ 28%，促进"发花"。春、夏季稍低，含水量上限为 25%；秋、冬季稍高，含水量上限为 28%。茶汁与半成品充分均匀混合，避免含水量不一。汽蒸使茶条柔软且富有黏性，便于紧压定形。汽蒸后的茶坯，由输送带送入匣内。压紧茶匣，输送到凉置架上冷却定形，约 80 分钟，砖温由 80℃ 左右下降到 50℃ 左右，完成冷却定形，退出茶砖，进入验收程序。目前，安化茯砖茶的生产多采用自动化生产线，大大降低了成品砖的不合格率，砖身规整度大大提高。

干燥发花：将成封砖茶运进烘房，排列在烘架上，砖的间距为 2 厘米左右，不得过密。进烘后 12 ～ 15 天内为"发花期"，其后 5 ～ 7 天为"干燥期"。发花阶段的温度应在 28℃ 左右，相对湿度在 75% ～ 85%。干燥阶段的温度应逐渐升高，一般自 30℃ 上升至 45℃，相对湿度则应逐渐降低。从"发花"到"干燥"，共历时 20 ～ 22 天。安化大部分茶厂已采用自动控温、控湿系统在线监控烘房温湿度，调控发花。当茶砖达到干燥标准，经检验合格时，即可出烘。

(5) 黑砖、花砖茶加工技术要点

拼堆筛分：筛分前根据加工标准样，逐批选料试制小样，然后根据配方和复制要求将各种原料茶进行匀堆、精制（原料茶筛分、风选、破碎作业）。

压制：黑砖、花砖的压制工序分为称茶、蒸茶、预压、压制、冷却、退砖、修砖和检砖。

称茶：实际称茶重量略高于成品茶净含量，保证产品单位重量符合标准且成批重量相对一致。

蒸茶：要蒸匀蒸透，避免外湿内干。102℃的蒸汽汽蒸约 3 ～ 4 秒，装好茶匣，推入预压机下推压。

压制：汽蒸施压后的砖茶，在压模内冷却，冷却时间最少不得短于 100 分钟。退砖时，按冷却定形的先后顺序，将茶砖推送到输送带上，进入退砖机退砖。退出的砖茶，经输送带投入修砖机进行修砖，砖的边缘要削平修齐，四角分明。目前，各茶厂的砖茶压制环节基本已实现连续作业。

烘干：茶砖压制好后进烘，规则排列在烘架上，不得过密。温度先低后高，逐步均衡上升。升温过快过高，表面过于干燥，易造成"龟裂"；温度突然下降，表面收缩不一，则易导致"烧心"。烘房应"高温排湿""按时加温"。开始温度为 38℃，1 ～ 3 天内，每隔 8 小时加温 1℃，4 ～ 6 天时，每隔 8 小时加温 2℃，以后每隔 8 小时加温 3℃，最高不超过 70℃，适时开放门窗排除室内湿气，加速砖片干燥。一般在烘约 8 天，砖片含水量达到标准后出烘。

七

名茶文化

　　安化黑茶具有深厚的文化积淀，并于近年得到较好的发掘、整理和保护。《益阳市安化黑茶文化遗产保护条例》于 2017 年 10 月 31 日由益阳市第六届人民代表大会常务委员会第五次会议通过，2017 年 11 月 30 日由湖南省第十二届人民代表大会常务委员会第三十三次会议批准，2018 年 1 月 1 日起施行。目前，安化黑茶有形的茶文化遗产包括茶乡传统村落、古茶道（茶亭、茶码头、纤道等）、古茶园、古茶具、古茶器、古茶碑、古茶市（茶行、会馆等）等，无形的茶文化遗产包括相关的风俗、传统技艺、文学艺术作品等。

1. 文化遗产

　　与安化黑茶相关的非物质文化遗产见表 2-8，目前仍在不断升级与申报中。

表 2-8　安化黑茶非物质文化遗产名录

级别	名称	保护单位	认定时间（年）
国家级	安化千两茶制作技艺	安化县文化馆	2008
	茯砖茶制作技艺	湖南益阳茶厂有限公司	2008
省级	安化金花散茶制作技艺	安化县晋丰厚茶行有限公司	2009
	安化天尖茶制作技艺	湖南白沙溪茶厂股份有限公司	2015
	安化红茶制作技艺	安化县实验茶场有限公司	2015

（续）

级别	名称	保护单位	认定时间（年）
省级	安化黑砖茶制作技艺	安化县晋丰厚茶行有限公司	2015
	安化松针制作技艺	安化县褒家冲茶场有限公司	2015
	安化花砖茶制作技艺	安化县百年茂记茶行	2017
	烟溪功夫红茶制作技艺	安化卧龙源茶业有限公司	2017
县级	安化黑茶茶艺	安化县茶业协会	2009
	安化烟熏茶制作技艺	湖南川岩江茶业有限责任公司	2018
	红碎茶传统制作技艺	湖南省褒家冲茶场有限公司	2018
	四保贡茶制作技艺	安化县仙山茶叶开发有限公司	2018

安化黑茶物质文化遗产中的不可移动文化遗产，包括国家级文物保护单位安化风雨桥、渠江茶园，省级文物保护单位安化茶厂早期建筑群、裕通永茶行、蛇山溪茶亭等，市级文物保护单位五福宫码头、唐家观古镇、黄沙坪老街、安常古道等，还有县级文物保护单位白沙溪茶厂、良佐茶栈等，目前仍在不断申报与认定中。

2. 出版物

2007 年以来，涌现出安化黑茶题材的诸多文学作品，如蔡镇楚的长篇小说《白沙溪》（湖南人民出版社 2010 年版），于建初的长篇小说《茶都旧事》（大众文艺出版社 2008 年版），成一的长篇小说《茶道青红》（作家出版社 2009 年版）等；安化黑茶科普方面的代表作品有：伍湘安著《安化黑茶 聚焦千年》（中国文史出版社 2011 年版），蒋跃登、李朴云主编的《一小时读懂安化黑茶》（当代中国出版社 2018 年版），蒋跃登主编的《中国茶全书·安化黑茶卷》（中国林业出版社 2021 年版），刘仲华著《安化黑茶品质化学与健康密码》（湖南科学技术出版社 2021 年版）等。此外，还涌现了一些以安化黑茶为蓝本的国家开放大学茶叶评审与营销专业（黑茶方向）教材，如《黑茶文化概论》《黑茶生产与加工》《黑茶审评与检验》等。

3. 文艺作品

(1) 诗词

有关安化黑茶的诗词广泛存在于《沅湘耆旧集》《资江耆旧集》《安化诗钞》《默庵诗钞》等古籍中。其中最为突出的代表是陶澍的涉茶诗。特别是《消寒第六会，吴兰雪舍人、陈石士编修、朱兰友侍讲、谢向亭编修、胡墨庄侍御、钱衎石农部，同集印心石屋，试安化茶，成诗四首》，对安化黑茶的历史、特质、功用等方面进行了深入的摹写。

其 一

今岁足衎乐，春来事云适。　长安诸故人，颇能盛筵席。

席设每见招，终日但为客。　今朝客忽来，例我具肴核。

冷盘三五陈，下箸无所获。　匪徒少羊羔，亦乃乏鸡跖。

斗酒兴未阑，四座欢弥剧。　旋闻蟹眼鸣，中有云腴碧。

我家茱萸江，乡物旧所积。　虽无甘露兄，犹足清两腋。

煮茗况家风，庭前余雪白。

其 二

芙蓉插霞标，香炉渺云阙。　自我来京华，久与此山别。

尚忆茶始犁，时维六七月。　山民历悬崖，挥汗走蹩躠。

培根阅冬初，摘叶及春发。　冻雷一夜鸣，蓓蕾颖欲脱。

是名雨前香，采之日一撮。　未几渐蒙茸，卓立针抽铁。

是名谷雨尖，香气弥勃勃。　毛尖如鹤毳，挨尖类雀舌。

黄茶号晚出，味厚亦非劣。　方其摘取时，篮筐遍山㟧。

晨穿苦雾深，晚焙新火烈。　茶成与商人，粗者留自啜。

谁知盘中芽，多有肩上血。　我本山中人，言之遂凄切。

其 三

宁吃安化草，不吃新化好。　宋时有此语，至今犹能道。

斯由地气殊，匪藉人工巧。迩来地利尽，所产日以少。

变化及荎芧，夹杂或茶蓼。遂令东家施，貌作西邻姣。

时俗但骛名，诎易初终保？臭味慎差池，我谓茶犹小。

其 四

茶品喜轻新，安茶独严冷。古光郁深黑，入口殊生梗。

有如汲黯戆，大似宽饶猛。俗子诩茶经，略置不加省。

岂知劲直姿，其功罕与等。气能盐卤澄，力足回邪屏。

所以西北部，嗜之逾珍鼎。性命系此物，有欲不敢逞。

我闻虞夏时，三邦列荆境。包匦旅菁茅，厥贡名即茗。

着号材所长，自昔功已迥。历久用弥彰，暗然思尚褧。

因知君子交，味淡情斯永。

(2) 楹联

安化的茶亭、茶馆、茶行多有极其精妙的楹联，目前已经整理发掘出数百幅，如清代安化县滔溪镇乌金岭茶亭联：

乌啼月落梦初醒，问樵青，天将明，汤滚未也？

金勒马嘶人已到，呼李白，酒莫饮，茶可当乎！

又如民国时期安化县清塘铺镇清风茶亭楹联（谭竹泉撰）：

君莫嗟行路难，歌足休形，且试灵龟一点水；

我最怜长途怨，披荆斩棘，为种芙山数亩茶。

(3) 歌曲

《十二个月采茶》是安化旧时流传最广的民歌之一：

正月采茶是新年，姐妹双双定茶园。定了茶园十二亩，典当家什交现钱。……

十一月采茶雪花飞，郎在外乡讨茶钱。姐在房中烤炭火，郎在外边受热煎。十二月
采茶是一年，捆起包袱雨伞转家园。忙忙碌碌多辛苦，过哒一年又一年。

第三届安化黑茶文化节主题曲《你来得正是时候》，由有"现代民歌教父"之称的作曲家
何沐阳打造。此外，还有《我爱爷爷的千两茶》《安化黑茶传天下》《我从黄沙坪出发》《黑茶
情歌飘九天》《嘿，茶开园了》等本土创作歌曲。

（4）舞蹈

《安化千两茶号子》为文艺工作者罗艳群根据安化千两茶踩茶号子整理创作的歌伴舞，为
茶乡经典舞蹈（图 2-13）。

图 2-13　歌舞《安化千两茶号子》

（5）戏剧

花鼓戏《烘房飘香》根据彭伦乎同名小说改编而成，讲述了安化黑茶初制加工提高品质的故事，1960 年代表湖南省参加中南地区文艺汇演，得到广泛好评；花鼓戏《新站长》由阙全芳以茶叶收购站为题材编写。二者均为传统花鼓戏精华。

大型黑茶史诗歌舞剧《香飘白沙溪》在第三届中国安化黑茶文化节期间公演，全剧讴歌了湖南茶人艰苦创业的奋斗精神。

（6）影视作品

影视作品以电视剧《菊花醉》为代表。2011 年初，由著名制片人张纪中、香港著名导演
胡明凯拍摄制作的《菊花醉》在湖南安化县拍摄。

八

品饮与健康

1. 冲泡

安化黑茶的冲泡共有盖碗泡饮、飘逸杯泡饮、紫砂壶泡饮、煮茶机煮饮四种基本泡饮法。

（1）取茶

安化茯砖茶分为手筑茯砖和机制茯砖，压制得不是很紧实，用手或茶刀稍一用力便可分块；黑砖、花砖、千两茶等压制得较为紧密，需用茶刀、茶锥顺着茶叶纹理层层撬开，才能将茶碎成小块。市场上也有许多便利的茶产品可直接冲泡，如袋装天尖、袋泡茶、速溶黑茶以及黑砖坨、千两茶坨、花砖坨等直泡型产品。

（2）盖碗泡饮法

烫洗杯具：用 100℃ 开水将盖碗（包括碗盖）、公道杯、品茗杯烫洗一遍。

浸洗茶叶：将备好的茶叶投入盖碗中，用回旋法向杯中注入开水至稍有溢出，约 10 秒后将浸洗茶叶的水倾入茶船或水盂中，用杯盖刮去表面的浮沫，然后用开水冲洗杯盖。

正式冲泡：将开水注入杯中至离杯口 5 毫米处，盖上杯盖，一定时间后将茶汤经滤网倒入公道杯中，再分入各品茗杯中（图 2-14），由客人品饮。泡茶时间应根据茶叶质量、存放年份、个人喜好、投茶量略加调整。以 150 毫升的盖碗投茶 10 克为例，第一泡出汤时间散茶约 15 秒、紧压茶约 20 秒，第二泡散茶约 10 秒、紧压茶约 15 秒，第三泡散茶约 15 秒、紧压茶约 20 秒，第四泡散茶约 25 秒、紧压茶约 30 秒，第五泡散茶约 40 秒、紧压茶约 40 秒。此后，每泡延长 30 秒，直至茶味平淡换茶。

图 2-14　安化黑茶盖碗冲泡

（3）飘逸杯泡饮法

烫洗杯具：用 100℃ 开水将飘逸杯内胆、品茗杯烫洗一遍。

浸洗茶叶：将所备茶叶投入泡茶内杯中，用回旋法向内杯注入开水至满，10 秒后，按住放水钮，让浸洗茶叶的水流入外杯，然后倒弃。

正式冲泡：向内杯注入开水至满，一定时间后按放水钮，让茶汤流入外杯，然后分入各品茗杯中，由客人品饮。泡茶时间以 500 毫升飘逸杯（内杯 180 毫升）投茶 12 克为例，第一泡出汤时间散茶约 20 秒、紧压茶约 25 秒，第二泡散茶约 15 秒、紧压茶约 20 秒，第三泡散茶约 20 秒、紧压茶约 25 秒，第四泡散茶约 30 秒、紧压茶约 30 秒，第五泡散茶约 60 秒、紧压茶约 60 秒。此后，每泡延长 30 秒，直至茶味平淡，即可换茶。

(4) 紫砂壶泡饮法

烫洗杯具：用 100℃ 开水将紫砂壶、公道杯、品茗杯烫洗一遍。

浸洗茶叶：将备好的茶叶投入紫砂壶中，用回旋法向壶中注入开水至稍有溢出，10 秒后，将浸洗茶叶的水倾入茶船或水盂中，用杯盖刮去表面的浮沫，然后用开水冲洗杯盖。

正式冲泡：将开水注入壶中至壶口齐平，盖上壶盖，一定时间后将茶汤经滤网倒入公道杯中，然后分入各品茗杯中，由客人品饮。泡茶时间以 250 毫升杯投茶 15 克为例，第一泡出汤时间散茶约 15 秒、紧压茶约 20 秒，第二泡散茶约 10 秒、紧压茶约 15 秒，第三泡散茶约 15 秒、紧压茶约 15 秒，第四泡散茶约 25 秒、紧压茶约 25 秒，第五泡散茶约 40 秒、紧压茶约 40 秒。此后，每泡延长 30 秒，直至茶味平淡，即可换茶。

(5) 煮茶机煮饮法

烫洗杯具：用 100℃ 开水将煮茶机的盛水器皿、煮茶袋、品茗杯烫洗一遍。

浸洗茶叶：将备好的茶叶投入煮茶袋中，大致按 500 毫升水煮茶 10 克的标准置茶。用开水将盛放茶叶的煮茶袋浸洗 10 秒，将水滤净，将煮茶袋放好。

煮饮：打开煮茶开关，待茶煮好后，关闭开关，取下煮好的茶汤分入各品茗杯中，由客人品饮。以后逐次减少用水量。

2. 品赏

品饮要趁热，当茶汤温度在 50℃ 左右时，口感最佳。品饮安化黑茶一般有四个环节：一是闻香气。不同品种的安化黑茶香气类型、浓度、纯度、持久性都有所不同，湘尖茶带松烟香，茯砖茶有菌花香，安化千两茶有竹香、粽叶香和茶香交错，存放十年以上的茶品，陈香越来越明显。二是赏汤色。随着存放年份的增加，安化黑茶的汤色都会变深，从橙黄到橙红，再到红浓，茶汤则由微浊至透亮。三是品滋味。品鉴茶汤的浓淡、厚薄、醇涩等，安化黑茶滋味有醇厚、醇和、浓醇等类型。四是评叶底。品鉴叶底的嫩度、色泽、明暗度等。

3. 贮藏

黑茶可长久存放，在后期自然存放中其继续"发酵"，茶的品质更趋完美。陈年安化黑茶的汤色由橙黄逐渐向橙红转变，茶汤晶莹剔透，较之新茶更醇和、更甜润，随着冲泡次数的增多，茶味转换的节奏、余韵与新茶大相径庭，陈韵缠绵唇齿，悠远绵长，淡雅、甜醇、滑爽的感觉令人心旷神怡，凸显出安化黑茶的陈韵美感。

安化黑茶的家庭贮存应该注意以下四点：

一是保持室内清洁、通风、避光、干燥，不可存放在不通风、不防潮的地下室、厨房、卫生间等地。

二是散茶可包好放入陶（瓷）罐中，篓装茶、砖茶、饼茶可放入无味的纸箱中封好，保持"透气"。裸茶和包装茶、不同茶类及不同厂家的产品不宜混放在一起，避免串味。

三是成品茶拿回家中后，要检查包装是否有油墨味，如发现有异味，应将茶取出，放置在通风处摊晾一段时间，再另行包装收藏。

四是贮存室在无雨的秋冬季要经常开窗通风，在春季特别是梅雨季节则不宜长时间开窗，防止茶叶受潮霉变。

从解渴保健的角度来看，喝新茶足矣；从爱好和鉴赏角度而言，贮存5年以上的安化黑茶已见趣味，贮存20年以上的安化黑茶的口感香味已入佳境。

4. 保健价值

安化黑茶的保健功效，已由边疆各族人民上千年的饮用历史充分证明。安化黑茶是他们的生活必需品之一，有"宁可三日无食，不可一日无茶"之说。

中国工程院院士、湖南农业大学教授刘仲华及国内外大量学者对安化黑茶的保健功能进行了深入系统的研究，在微生物学、生物化学、细胞生物学、分子生物学等领域，从动物试验到人体临床研究，全面验证了安化黑茶具有消食解腻、调降"四高"（高血压、高血脂、高血糖、高尿酸）、调理肠胃、清热解毒、利尿解乏等保健功能。

本章执笔 × 向奕 涂洪强 宋加艳

　　黄金茶产于湘西土家族苗族自治州，基地主要分布在吉首、保靖、古丈、花垣、永顺、龙山、泸溪、凤凰八个县市，其中吉首市是湘西黄金茶的核心产区。湘西黄金茶是以黄金茶系列品种为原料，经特定工艺加工而成的地理标志保护产品，包括黄金茶绿茶、红茶和白茶。本章重点介绍黄金茶绿茶。

黄 金 茶

第三章

湘西黄金茶

产销历史

⬥ 一 ⬥

吉首市位于武陵山区东麓，自古就是名茶产地。苗语称黄金茶，汉字记音为"苟洪吉"，"苟洪"是黄金，"吉"是茶。"吉首"这个地名本身也是苗语的汉字记音，意为最早产茶之地。唐陆羽《茶经》中引东汉《桐君录》记载："西阳（今吉首、保靖）、武昌、庐江、晋陵好茗。"三国《广雅》载："荆巴间采茶作饼……"三国时，吉首地属荆州的武陵郡。西晋《荆州土地记》载："武陵七县通出茶，最好。"当时吉首市地属武陵郡沅陵县；东晋贾思勰的《齐民要术》载："浮（武）陵茶最好。"《新唐书·地理志》记有"溪州土贡茶芽"，中晚唐杜佑《通典》指出"灵溪郡土贡茶芽二百斤"，灵溪郡即溪州，指今吉首、永顺等县。这说明，早在1 300年前，吉首就是贡茶产地。

吉首是黄金茶的原产区之一，相关州县志、吉首市年鉴等资料中都有记载。

清乾隆五年（1740）《乾州志》之《物产志》记载："乾（今吉首）虽穷谷僻壤，……山坡可以种竹，栽杉、松、桐、茶。"国民政府时期，"中央研究院"历史语言研究所的凌纯声、芮逸夫来到湘西，在乾城（今吉首）、凤凰、永绥等地调查苗族文化，搜集了大量资料、文物，写出了《湘西苗族调查报告》，详细地描述了湘西苗族的"茶神"，重现了吉首苗家种茶为业、植茶成景、用茶为药、敬茶为神的历史画面。吉首苗族长篇民歌《大采茶调》，详叙了苗家一年十二个月始终以茶为中心的劳动生活状况。

历史上，黄金茶产区都属"苗防"重点地域，非朝政军职人员难以入境。"改土归流"以前，朝廷在湘西及五溪地区实行残酷的统治与压迫，导致当地各族人民的反抗斗争不断，特别是苗族人民与明、清朝廷时常发生武装冲突。为防止苗民进犯，明宣德五年（1430）开始建筑边墙（现称南方长城），设置边关、营盘和哨卡，有些苗族村寨还派驻外委或守备。始建于明嘉靖三十三年（1554）的南方长城南起凤凰亭子关，北到吉首的喜鹊营，将凤凰、吉卫、乾州三个古城连接起来，造就了"生苗区"与"熟苗区"的分布格局。吉首市隘口村地处湘西黄金茶谷的出口，属"生苗区"，毗邻"熟苗区"，是湘西黄金茶的主要产地。如此这般，黄金茶产地与外界人员、货物的交流受到限制。

黄金茶最早的交易方式是"以物换物"。早在明代之前，深居在以隘口为核心区的苗族同胞，便以当地一种味道醇厚、汤色如金的奇特野生茶作为主要"货币"，交换生活用品。明中期，隘口的茶叶交易市场日益繁荣，呈现"人人口啜香茗，家家杯盛'黄金'"的盛况。

历史上，湘西黄金茶因主要来源于黄金茶谷的冷寨河边，外人都称这种奇异高香的茶叶为"冷寨河茶"。冷寨河流经隘口村后名曰"司马河"，是整个武陵山区唯一以古代官名命名的河流，河边有一坪名曰"振武营"，就是当年屯兵之地。为茶叶贸易计，清嘉庆十年（1805），湖南巡抚阿林保在南长城北端边卡设立隘门关，这是南方长城唯一的专为茶叶贸易设立的关口，让苗汉人民按期交易，寨长"于开市之日押苗人以同来，复押之以同往"，出边卡，则应办理护照，否则作偷越边境论处。"民人无故擅入苗地及苗人无故擅入民地，均照越渡沿关边寨，一律治罪，失察各官议处。民人有往苗地贸易者，令开明所置货物，并运往某司某寨贸易。行户姓名，自限何日回籍，取见行户邻右保结，官照会塘汛验收。逾期不出，报文武官弁，征查究拟"（见清《户部则例》卷四）。为加快民族融合，确保茶叶贸易不断，"准许民苗兵丁结亲，令其日相亲睦，以成内地风俗"（《湖南苗防屯政考》卷二）。多年的苗汉交流和民族同化政策，使隘口村成为整个湘西黄金茶谷内唯一的苗族、土家族、汉族杂居的行政村，也成为一个繁华的茶叶贸易市场。《乾州志》载："茶出隘门边卡，社茶专贡皇上，谷雨茶专呈太守，秋茶贩与湖南商人。"

二十世纪五六十年代，大面积的古茶园被开垦为稻田和蔬菜地，大量古茶树遭受破坏，产量锐减。计划经济时代，品质优异的黄金茶进了收购部门也仅是"内部消化"，加上产区交通不便，种茶、制茶者多为苗家人，语言交流不畅，诸多因素使其"养在深闺无人识"。

二十世纪八九十年代，黄金茶的优异品质引起了许多茶叶专家的关注。在黄金茶不育之谜被破解、扦插育苗得到推广之后，当地居民纷纷开始种植黄金茶，黄金茶种植面积迅速扩大，科研力度越来越大，黄金茶产业快速发展。

❀

二

产业发展现状

1. 概况

　　湘西土家族苗族自治州是精准扶贫首倡地，茶叶产业已成为全州巩固拓展脱贫攻坚成果、促进乡村振兴的支柱产业。2021 年年底，全州茶叶种植总面积 59 000 公顷，其中可采茶园面积 28 270 公顷，拥有 667 公顷以上茶园的乡镇 16 个。2021 年，干茶产量 1.5 万吨，茶叶综合产值 77 亿元。湘西州拥有"湘西黄金茶""保靖黄金茶"等 5 个茶叶国家地理标志保护产品品牌，另有"十八洞黄金茶""湘西香伴""凤凰雪茶"等区域公用品牌。

图 3-1　吉首市马颈坳镇隘口村梅花茶园

2018 年，湘西州被中国茶叶流通协会授予"中国黄金茶之乡"称号。自 2018 年以来，吉首市连续四年被评为"中国茶业百强县"。吉首、保靖、古丈等三县市被评为"全国重点产茶县"。2021 年，湘西州入选湖南茶叶乡村振兴"十大重点县（市）"的有吉首市、保靖县、古丈县、花垣县，入选湖南茶叶乡村振兴"十大领跑（公用、企业）品牌"的有湘西黄金茶、古丈毛尖、十八洞黄金茶，入选湖南茶叶乡村振兴"十大领军企业"的有吉首市新田农业科技开发有限公司、花垣十八洞黄金茶农业科技有限公司、保靖县林茵茶业有限责任公司。2021 年，"保靖黄金茶"获批筹建国家地理标志保护产品示范区。

湖南省质量技术监督局、中国茶叶学会、湖南省茶叶学会等先后审定发布了黄金茶的产品、生产、品饮等标准，建立健全了黄金茶产业的标准化体系（表 3-1）。

表 3-1　黄金茶标准名录

标准名称	标准编号	标准类别
保靖黄金茶 毛尖绿茶	DB 43/T 863—2014	湖南省地方标准
保靖黄金茶 毛尖功夫红茶	DB 43/T 862—2014	
湘西黄金茶 白茶	T/HNTI 009—2019	湖南省茶叶学会团体标准
湘西黄金茶 绿茶加工技术规范	T/HNTI 010—2019	
湘西黄金茶 红茶加工技术规范	T/HNTI 011—2019	
湘西黄金茶 有机茶生产技术规范	T/HNTI 012—2019	
湘西黄金茶 绿茶	T/HNTI 018—2020	
湘西黄金茶 工夫红茶	T/HNTI 019—2020	
湘西黄金茶 白茶加工技术规范	T/HNTI 020—2020	
湘西黄金茶 生态茶园建设技术规范	T/HNTI 021—2020	
黄金茶系列品种 栽培技术规程	T/CTSS 33—2021	中国茶叶学会团体标准
黄金茶系列品种 卷曲形绿茶加工技术规程	T/CTSS 34—2021	
黄金茶系列品种 工夫红茶加工技术规程	T/CTSS 35—2021	
黄金茶 冲泡技术规程	T/CTSS 36—2021	
潇湘茶 黄金茶	T/WHTD 002—2018	湖南省大湘西茶产业发展促进会团体标准

图 3-2　吉首市马颈坳镇隘口村司马茶居

图 3-3　吉首市马颈坳镇隘口村黄金茶鼓

2. 品牌建设

2013 年，吉首市申请注册"湘西黄金茶"国家地理标志证明商标，出台了《"湘西黄金茶"地理标志证明商标使用管理实施细则》，建立了严格的"湘西黄金茶"公共品牌申请、授权、监管、退出机制，完善了品牌管理体系，树立了品牌形象，增加了品牌资产的价值。

商标注册以来，湘西黄金茶先后获得"第十二届中茶杯全国名优茶评比一等奖""第二届澳大利亚国际茶叶博览会金奖（金树叶奖）""亚太茶茗金奖""湖南省'潇湘杯'名优茶评比金奖""湖南茶业博览会'茶祖神农杯'名优茶评比金奖""第十届'中绿杯'全国名优绿茶特金奖""第十四届中国世界功夫茶大赛金奖"等荣誉。

图 3-4　湘西黄金茶地理标志专用标志

3. 主要企业

湘西州有各类茶叶经营主体 1 500 余家，其中省级龙头企业 10 家，州级龙头企业 33 家（表 3-2），茶业专业合作社 800 多个，茶叶年加工能力超 3 万吨。

表 3-2　湘西州主要茶叶企业

单位名称	地址	级别
吉首市新田农业科技开发有限公司	吉首市石家冲街道	省级
花垣县五龙农业开发有限公司	花垣县石栏镇	省级
花垣合心农旅发展有限责任公司	花垣县花垣镇	省级

单位名称	地址	级别
保靖县鼎盛黄金茶开发有限公司	保靖县葫芦镇	省级
保靖县林茵茶业有限责任公司	保靖县迁陵镇	省级
湘西自治州牛角山生态农业科技开发有限公司	古丈县	省级
古丈县英妹子茶业科技有限公司	古丈县古阳镇	省级
古丈县古阳河茶业有限责任公司	古丈县古阳镇	省级
古丈县锦华农业综合开发有限公司	古丈县红石林镇	省级
古丈县神土地农业科技开发有限公司	古丈县古阳镇	省级
湘西新金凤凰农业开发有限公司	吉首市吉庄工业园	州级
湖南盛世湘西农业科技有限公司	吉首市乾州街道	州级
湘西裕民农业开发有限公司	吉首市河西社区	州级
湘西自治州汇丰农业开发有限公司	吉首市马颈坳镇	州级
湘西州吉凤农业科技有限公司	吉首市社塘坡乡	州级
吉首市苗疆茶业科技有限公司	吉首市马颈坳镇	州级
湘西艾丽思顿农业开发有限公司	泸溪县兴隆场镇	州级
湖南省天下凤凰茶业有限公司	凤凰县廖家桥镇	州级
凤凰县水木香茶业有限公司	凤凰县凤凰之窗文化旅游产业园	州级
古丈县小背篓茶业有限公司	古丈县古阳镇	州级
古丈县青竹山茶业有限公司	古丈县红石林镇	州级
湖南黄金红茶业有限公司	古丈县古阳镇	州级
古丈县耀鑫农业综合开发有限责任公司	古丈县岩头寨镇	州级
古丈县源头河生态农业科技开发有限公司	古丈县默戎镇	州级
古丈合力农业开发有限公司	古丈县古阳镇	州级
湘西州春秋有机茶业有限公司	古丈县高峰镇	州级

单位名称	地址	级别
古丈县三道和茶厂	古丈县古阳镇	州级
花垣县牛鼻山生态旅游有限责任公司	花垣县花垣镇	州级
花垣县权刚苗山农业科技开发有限公司	花垣县吉卫镇	州级
保靖县黄金茶有限公司	保靖县葫芦镇	州级
湘西金茗茶业有限公司	保靖县迁陵镇	州级
湘西天地和黄金茶开发有限公司	保靖县迁陵镇	州级
保靖县古茶园黄金茶有限公司	保靖县葫芦镇	州级
保靖县现英黄金茶有限责任公司	保靖县葫芦镇	州级
保靖欢喜黄金茶有限公司	保靖县吕洞山镇	州级
湖南迁陵茶业发展有限公司	保靖县迁陵镇	州级
永顺县大丰生态农业开发有限公司	永顺县万民乡	州级
永顺县金顺植物资源开发有限责任公司	湖南省永顺县毛坝乡	州级
永顺县瑞丰农副产品开发有限责任公司	永顺县灵溪镇	州级
永顺县经投农业综合开发有限公司	永顺县灵溪镇	州级
湘西昭荣生态茶业有限公司	永顺县芙蓉镇	州级
龙山县天一茶业开发有限公司	龙山县民安街道	州级
龙山湘阳农业发展有限公司	龙山县靛房镇	州级

截至 2022 年 12 月 31 日，获得"湘西黄金茶"地理标志证明商标授权的企业、合作社共有 34 家，包括湘西自治州牛角山生态农业科技开发有限公司、湘西自治州汇丰农业开发有限公司、湘西新金凤凰农业开发有限公司、吉首市新田农业科技开发有限公司、吉首市丹望阿婆峰茶业有限公司、古丈县三道和茶厂、湘西高崎山黄金茶种植专业合作社、吉首市磨浦黄金茶专业合作社、吉首市言丰黄金茶种植专业合作社等。

湘西神秘谷茶业有限责任公司成立于 2020 年。公司主营业务包括黄金茶科技博览园项目建设（图 3-5）、茶旅小镇建设、黄金山庄民宿建设、研学线路开发等。公司拥有全自动化、智能化绿茶与红茶生产线，年加工茶叶 500 吨以上。自有茶叶示范基地 330 多公顷，位于矮寨大桥八层坡，其中位于海拔 800 米的 230 多公顷高山有机云端茶海为公司黄金茶核心生产基地。

吉首市苗疆茶业科技有限公司成立于 2013 年 6 月。公司茶叶种植面积 1 000 多公顷，建有茶叶加工厂 2 000 平方米，年加工茶叶 200 吨以上（图 3-6），主要产品有湘西黄金茶绿茶和苗疆红茶。

吉首市新田农业科技开发有限公司始创于 2012 年，厂区坐落在湘西州吉首市湘西黄金茶产业示范园。公司拥有 80 公顷的有机茶示范园，自有 2 000 平方米加工厂，拥有湘西州第一条年产能 200 吨的湘西黄金茶智能自动化、清洁化红绿茶兼制生产线（图 3-7），还可生产白茶、黄茶、黑茶。

图 3-5　湘西黄金茶科技博览园

图 3-6 吉首市苗疆茶业科技有限公司工作人员手工炒绿茶

图 3-7 吉首市新田农业科技开发有限公司全自动化生产线

三

品质特色

湘西黄金茶（绿茶）具有"翠、香、鲜、浓"的特征，感官品质见表3-3，理化指标见表3-4，这些指标均引自湖南省茶叶学会团体标准 T/HNTI 018—2020《湘西黄金茶 绿茶》。

表3-3　湘西黄金茶（绿茶）感官品质

等级	外形	内质			
		香气	滋味	汤色	叶底
特级	条索紧细匀整，翠绿显毫	嫩栗香浓郁	持久清鲜，甘爽	嫩绿明亮，嫩芽完整	嫩绿明亮
一级	条索较紧细匀整，翠绿显毫	嫩栗香高长	浓醇，鲜爽	黄绿明亮，细嫩多芽	黄绿明亮
二级	条索尚紧结匀整，有毫，较绿润	栗香持久	浓厚，较鲜爽	黄绿明亮，尚嫩匀	黄绿较亮

表3-4　湘西黄金茶（绿茶）理化指标　　　　　　　　　　单位：%

项目		指标		
		特级	一级	二级
水分	≤	6.5	6.5	6.5
粉末	≤	1.0	1.0	1.0
水浸出物	≥	38.0	38.0	38.0
总灰分	≤	6.5	6.5	6.5

项目		指标		
		特级	一级	二级
粗纤维	≤	12.0	13.0	14.0
游离氨基酸	≥	4.5	4.0	3.5

注：粗纤维为参考指标。

图3-8　湘西黄金茶干茶（左为黄金茶2号，右为黄金茶1号）

图3-9　湘西黄金茶茶汤

四

产地生态环境

1. 产区地理分布

湘西黄金茶生产地域范围是东经 109°10′ ～ 110°22′，北纬 27°44′ ～ 29°38′，分布在湖南省湘西土家族苗族自治州境内，包括吉首市、保靖县、古丈县、花垣县、永顺县、龙山县、泸溪县、凤凰县，其中吉首市是湘西黄金茶的核心产区（图 3-10）。湘西州地势东南低、西北高，武陵山脉由东北向西南斜贯自治州全境，可分为西北中山山原地貌区、中部中低山山原地貌区、中部及东南部低山丘岗平原地貌区，海拔高度 97.1 ～ 1 737.0 米。

图 3-10 湘西黄金茶产区范围

2. 产地气候特点

湘西州处于云贵高原东北边缘与鄂西山地交会地带，属中亚热带季风湿润气候区，全州各市县雨量充沛，气候温和，年均气温 15.8～16.9℃，年均降水量 1 300～1 500 毫米，无霜期250～280 天。

3. 产地土壤与生物多样性

湘西是绿色生态之州，全州森林覆盖率稳定在 70% 以上，是国家重点生态功能区、国家森林城市、长江经济带重要生态屏障。辖域内的富硒猕猴桃基地、椪柑和百合基地享誉海内外。

茶园有效土层大于 100 厘米，表土层深度 20～30 厘米；土壤疏松，容重小，孔隙度大；砂黏适中，无黏盘层或铁锰积聚层，透气性和排水性良好；有机质和养分含量丰富，pH4.5～5.5。茶园合理保护和保留原有林木植被，形成 2～3 层林冠及地被层生态系统，即林－茶－草构成的立体生态茶园。

五

鲜叶生产

1. 茶树品种

黄金茶茶树品种原产自湘西土家族苗族自治州冷寨河流域，为古老、特异、珍稀的地方茶树种质资源。灌木型，树姿半开展，芽叶节间较长，叶片略向上斜生，多数单株叶片为长椭圆形，叶尖渐尖，叶面隆起，有光泽，芽叶颜色黄绿，茸毛中等。具有四个显著特点：一是发芽早；二是发芽密度大、整齐、持嫩性强、产量高；三是抗性强，抗寒、抗旱、抗高温；四是品质优，氨基酸含量高、酚氨比低。

现已从群体品种中选育出了黄金茶 1 号、黄金茶 2 号等 269 个单株，其中 1 号、2 号、168 号已经通过省级审定。

2. 茶园培管技术

黄金茶产区遵循生态茶园建设理念，以黄金茶系列品种为主要物种，遵循生态学原理，因地制宜配置其他物种，形成了多层次立体复合式栽培、多物种共栖的茶园，高标准、高要求开展基地建设和茶园培管工作。茶园的病虫害防治实现了零化学农药，大多施用有机肥。

图 3-11　保靖黄金茶古茶树

六

加工技术

湘西黄金茶（绿茶）加工执行团体标准 T/HNTI 010—2019《湘西黄金茶 绿茶加工技术规范》。

1. 原料要求

黄金茶系列品种为特早生品种，一般在二月下旬至三月上旬开采，加工名优绿茶时，鲜叶采摘以手工为主。鲜叶质量要求芽、叶、嫩茎新鲜、匀净，无污染和其他非茶类夹杂物。鲜叶主要分为三个等级，特级以芽头和一芽一叶初展为主，一级为一芽一叶开展和一芽二叶初展，二级为一芽二叶。

2. 加工技术

黄金茶根据鲜叶等级，执行不同的加工技术要求。

(1) 以单芽、一芽一叶初展和同等嫩度鲜叶为原料的加工

工艺流程：摊青→杀青→清风→揉捻→初烘→摊凉→做形→足干。

摊青：用摊青槽或篾盘摊青。摊青槽摊青鲜叶厚度3～5厘米，采用间隔式吹风，摊青时间为3～6小时；篾盘摊青鲜叶厚度2～3厘米，每2～3小时轻翻一次。春茶需摊青8～12小时，以鲜叶发出清香或花香、含水量70%左右为适度。

杀青：采用滚筒杀青机杀青。杀青温度以筒内离投叶端20厘米左右处内壁温度达到270～320℃为宜，杀青时间2分钟左右。要求投叶均匀、适量，以杀青叶含水量62%左右、叶缘略卷缩、紧捏叶子成团、青草气消失、略带茶香为适度。

清风：使用茶叶冷却输送带或电风扇吹冷风，及时降低叶温。

揉捻：选用中小型揉捻机，装叶量以自然装满揉筒为宜。单芽揉捻4～5分钟，一芽一叶初展揉捻5～8分钟。按"轻—重—轻"的原则加压。以揉捻叶成条率80%以上，少量茶汁附着叶面，手摸有湿润粘手感为揉捻适度，揉捻后及时使用解块机解块。

初烘：采用五斗烘焙机或小型自动链板式烘干机进行初烘。五斗烘焙机温度控制在120～140℃，投叶厚度2～3厘米，时间5～8分钟；小型自动链板式烘干机温度控制在110～120℃，投叶厚度1～2厘米，时间8～12分钟。烘至茶坯不粘手、含水量45%左右为适度。

摊凉：将初烘后的茶叶及时薄摊于篾盘或摊凉平台等摊凉设备中，时间10～30分钟。

做形：在五斗烘焙机中做形，温度100℃左右。当茶坯含水量在30%左右时开始做形。双手抓茶顺时针搓揉，时间4～5分钟，待茶条八成干时下机摊凉，摊凉时间30分钟左右，使茶坯充分冷却，内部水分均匀分布。

足干：采用五斗烘焙机或提香机进行足干。采用五斗烘焙机足干，分两次干燥。第一次干燥温度控制在80～90℃，第二次为70～80℃，中间摊凉20～25分钟。采用提香机足干，提前预热提香机，温度控制在80～90℃，时间15～30分钟。足干程度以手捏茶梗成粉末、含水量在5%以下为适度，下机摊凉至室温，归堆包装后储藏。

(2) 以一芽二叶和同等嫩度鲜叶为原料的加工

工艺流程：摊青→杀青→清风→初揉→初烘→摊凉→复揉→复烘→足干。

摊青：采用摊青槽摊放，鲜叶厚度5～8厘米，间隔式吹风，鼓风1小时左右，静置0.5～1小时，再鼓风，摊放时间为3～6小时，以鲜叶发出清香为适度。

杀青：采用大中型滚筒杀青机杀青。杀青温度以筒内离投叶端20厘米处内壁温度达到280～320℃为宜，杀青时间2～3分钟。要求投叶均匀、适量，以杀青叶含水量62%左右、叶缘略卷缩、紧捏叶子成团、稍有弹性、茎折而不断、青草气消失、略带茶香为适度。

清风：使用茶叶冷却输送带或电风扇降低叶温、去除杂质。

初揉：选用中型揉捻机，装叶量以自然装满揉筒为宜。揉捻时间 10～12 分钟。揉捻加压应掌握"轻—重—轻"的原则。揉捻叶成条率 70% 以上。

初烘：采用自动链板式烘干机进行初烘，温度设置为 110～130℃。均匀投叶，投叶厚度 1～3 厘米。烘至茶坯不粘手、略有刺手感、茶叶含水量 45% 左右为适度。初烘时间 8～12 分钟。

摊凉：将初烘后的茶叶及时薄摊于摊凉平台等专用摊凉设备中，时间 20～30 分钟。

复揉：装叶量以自然装至揉桶的五分之四左右为宜。加压比初揉略重，掌握"轻—重—轻"的原则，时间 10～20 分钟。揉捻适度后及时解块，进入下道工序。

复烘：采用自动链板式烘干机进行复烘，温度设置为 80～100℃。均匀投叶，投叶厚度 2～3 厘米。烘至茶坯含水量 15% 左右。复烘时间 8～12 分钟。

足干：采用自动链板式烘干机或提香机进行足干。采用自动链板式烘干机足干，温度为 80～90℃，摊叶厚度 2～3 厘米，足干时间 8～12 分钟；采用提香机足干，提前预热提香机，温度控制在 90～100℃，时间 30～40 分钟。足干程度以折梗即断、手捏茶条成粉末、含水量在 6% 以下为适度，下机摊凉至室温，归堆包装后储藏。

七

名茶文化

1. 十大黄金茶谷

黄金茶作为湘西传统产品，有"唐代溪州即以茶芽入贡"之说。在溪州中心的吉首，有十条黄金茶谷，其名字由来，各有妙趣。

矮寨镇、石家冲街道：幸福谷。吉首市往西30千米就是矮寨坡，原名鬼寨坡。据《乾州厅志》记载："盘旋梯磴，路绕羊肠，一将当关，万夫莫过。坡谷中苗人由岩板桥绝壁攀石取路而下，虽稍直，险倍甚。"2012年3月底，湖南矮寨特大悬索桥正式通车，促进了黄金茶的销售，方便了当地茶农的生活，当地百姓感谢党和政府给他们带来了幸福，故将小河片一带山谷取名为幸福谷。

马颈坳镇：苗疆谷。据《明史》三百一十一卷记载，明洪武三十年（1397），朝廷在吉首地区设立镇溪军民千户所，嘉靖年间设乾州哨。嘉靖十八年（1539），巡抚湖广贵州都御史陆杰，自报警宣尉司（迁陵）取道往镇溪（今吉首市）巡视兵防，途径冷寨河流域（今隘口村、黄金村），在黄金村外隘口苗疆界立市交易，并在山口狭窄险要处设立关隘。后关隘处被命名为隘口村，谷名苗疆谷（图3-12）。

乾州街道：苗王谷。清乾隆晚期，湘西爆发了轰轰烈烈的乾嘉苗民大起义。乾隆六十年（1741）二月初四，乾隆帝说"今因日久懈弛，往来无禁，地方官吏暨该处土著及客民等，见其柔弱易欺，恣行鱼肉，以致苗民不堪其虐，劫杀滋事"，可见起义影响之大。当地义军推举吴八月为"苗王"，领导苗民斗争。后起义被镇压，吴八月身死鸭堡寨，但"苗王"精神不死，苗民们以民歌的形式纪念他："平垅吴八月，上山能擒虎，下海能降龙，哪怕清军

图 3-12　吉首市马颈坳镇苗疆谷

千千万！”并将他领军活动的今乾州街道社塘坡一带山谷命名为苗王谷。

双塘街道：凤翎谷。传说很久以前，双塘街道的山谷中有两口山塘，一口甜水塘，一口苦水塘。当地云雾山上住了一只凶恶的大鹰，经常从山上飞下取甘塘水喝，还欺负苗民柔弱，只准他们到苦水塘取水，并派出九龙寨的九条蛟龙作为看守，谁要是敢偷偷取甜水喝，便把他吃掉。苗民们只能喝苦水，心里更是泛苦，流出的苦泪把沱江水都变苦了。住在沱江边的凤凰觉得奇怪，便来到云雾山，看到苗民们的苦，便要降服恶鹰。她先是把恶鹰派出的九条蛟龙抓到天上再扔下，化作九龙寨里的九座小山头，其后又和恶鹰飞上九霄大战一场。恶鹰终于被凤凰压在周家寨后的一座山头下，化成鹰嘴岩。凤凰命苗民们把她在大战中散落的翎毛一一收集起来，埋在两口山塘边。从此，苦水塘也变成了甜水塘，塘坝边更是长出了一丛丛的茶树。这里出产的茶能泡出色泽金黄、气味香甜的茶水，故苗民们将此谷命名为凤翎谷。

河溪镇：三溪谷。在河溪镇药郎湾，峒河、渔溪、楠木溪三水汇聚，峰谷上下，山雾弥漫其间。传说很久以前，土家族的阿龙是十里八乡最能干的采药郎，一天他入谷采药，尝草药时不慎中毒，就在他腹痛难忍时，看见一只病恹恹的麂子趴在溪旁饮水，不久麂子恢复了精神，三两下就消失在山谷中。阿龙挣扎着挪到溪湾边，看到溪水中飘着很多绿叶，他试着喝下这泡着绿叶的溪水，肠绞痛立即消失了。阿龙随即溯流而上，发现了一片茶树，他用采来的叶芽炒制成干茶，泡出的汤水能解腹痛。当地百姓为纪念阿龙采茶治病，就把这溪湾命名为药郎湾，山谷也因此得名三溪谷。

太平镇：一尊谷。民国时期的著名画家张一尊是乾城县司马村人，他自幼爱马、画马、学马叫、学马打滚，人们都叫他"马迷"。他经常默立马旁如痴如醉地观看，并喜用木棍在太平镇山间谷中以沙作画，画出的马神形兼备、寓神于形、栩栩如生。张一尊画马时，喜饮清茶一杯，挥毫洒墨即成神骏，一茶一马颇有雅韵。他的代表作有《三骏图》《八骏图》《万马奔腾》等，被誉为中国画马"四杰"之一，与徐悲鸿并称"北徐南张"。为赞誉他在艺术上的杰出贡献，当地人将他在太平镇练画的山谷称为一尊谷。

己略乡：龙舞谷。己略乡是一个美丽的地方，龙舞河穿谷而过，峡谷两岸猿啼鹭鸣。"己略"为苗语，意思是有动物的地方。龙舞河边有一苗家山村，村后山上有成片的高大乔木，数九寒冬时节，树木依然挺拔，似乎在向人们昭示着龙舞人不屈的精神，这里就是龙舞谷。

马颈坳镇：知孝谷。传说很久以前，白岩洞边住着父子俩，父亲叫白老岩，儿子叫白孝孝。父子俩在白岩坡上种着几丘茶园，平日里白孝孝烧炭卖，父子二人勉强度日。天有不测风云，白老岩满60岁那年夏天，逢天大旱，一干就是108天，眼看茶树叶子黄了，又一蔸一蔸死了，野菜也干了，白老岩一病不起。白孝孝翻了几座山，爬了几座岭，好不容易找到一条河谷，

图 3-13　苗家阿妹在吉首市太平镇一尊茶谷采茶

他高高兴兴地准备打水，谁知一不小心翻进河中淹死了。孝孝死后，河谷中飞舞出很多蝉，它们衔着水珠子，把白老岩家的水缸注满了，又把茶树地浇灌了，它们飞舞着叫道：知孝……知孝……知孝死！

丹青镇：清明谷。对歌，是湘西苗族人的传统。沈从文的《边城》中，歌声处处荡漾，在碧溪岨月光照亮的高崖上、在溪中的渡船上、在河边的吊脚楼上……所有的心情都被唱进了歌里。在世世代代传唱苗歌的小镇丹青，碧水长流，篁竹青翠，每年都会举行清明歌会，上万苗族同胞一起，采收明前茶，在丹青河谷中放歌抒怀，享受一场绝美的视听盛宴。

太平镇：重阳谷。中华民族重孝道，每逢九月九重阳节这一重要节日，太平镇的苗族同胞们就通过"喜傩会"的形式表达对老人的孝心。他们在河谷中扎起高台，放声歌唱，热热闹闹地庆祝，就像过年一样。十里八乡的老人们在儿孙的搀扶下聚集于此，听歌赏舞、齐享天伦。

2. 茶餐

隘口茶谷人家，以茶为生计，以茶为食，以茶走天下。出外谋生，家人要做茶餐为其送行，祈求平安顺利；在家耕作，家家以茶入菜，期望丰衣足食；读书出仕，更要以茶炼心，为求做官清白，造福一方；经商者，以茶会客，结交天下。茶心即己心，己苦而旁人皆香，而后甘甜。传统的茶餐分为三道，共六种菜："保平安"——甜茶羹（又名喜鹊过河）、油酥茶团（又名燕子归巢）；"保兴旺"——黄金猪脚（苗语"沃阁嘎巴"）、茶叶熏鸡（又名茶香凤凰）；"保和睦"——黄金茶煎蛋（又名茶团圆）、豆腐油茶汤（又名清白汤）。现如今，当地人对三道茶餐进行传承、创新，游客在隘口、茶博园均能品尝到茶餐美食。

3. 歌曲

湘西黄金茶主题歌《喝杯黄金茶 心已经回家》，被誉为湘西最美黄金茶歌，由湘西籍作家苏高宇作词,湖南省民族歌舞团张茂瑞作曲。

歌词如诗,构思独特,词作者以一个游子的视角看家乡的茶,将它视作初恋情人。此歌以湘西苗族高腔素材为基调,并结合了流行元素。兹转录第一段歌词,以飨读者。

在最好的季节,遇见最好的你,在最迷人的高山峡谷里,唯你遗世独立。嫩嫩的脸儿,是一弯娇羞在天边的新月,映在眼中,润透到我的心底。你的无邪,让我从此迷上了本色;你的滋味藏着故乡的清芬,宛如露珠滴进少年的梦里。都说生在湘西该特别的庆幸,都说长在湘西有多么的幸运,你看三月里的小雨弥漫山谷,喝杯黄金茶,心已经回家。

4.“湘西黄金茶第一村”隘口村

吉首市隘口村遗存的500年前的青石残墙,便是明代黄金茶的交易遗址,当时苗族同胞与外界在此进行物物交换。经彭继光研究员考证(彭继光主编《保靖黄金茶揭秘》),黄金茶马古道的起始点在隘口村,古道经隘口、黄金、茶坪、大岩、葫芦、涂乍、水银,一路北上保靖、永顺府至湖北,南走排吉、夯吉、望天坡、夯沙至乾城(乾州)。黄金茶马古道不仅带动了苗区社会经济的发展,而且有效促进了苗族与其他民族间的文化交流。茶叶贸易的兴起使大量土家族、汉族地区的商旅、官员深入苗族地区,在长期的交往中,彼此增进了对对方文化的了解,形成了相互融合的新文化格局,文化的和谐继而又促进了民族联姻,由此形成了和谐共居的民族融合景象。隘口村遗存的青石残墙、烽火台、碉堡、隘门关(图3-14)、茶马古道及三族共居现象就是一部湘西茶叶历史文化的活化石。

苗族人民对上天恩赐给他们的“神物”充满了敬畏和感激。为此,他们约定了一个庄严的仪式:在每年春季忙完茶事之后,每家每户都用五天时间分早、中、晚三次祭祀茶神,并将茶神取名为“苟洪吉”,意即“黄金茶”,视此茶为金,珍贵无比。

图 3-14　吉首市马颈坳镇隘口村隘门关遗址

图 3-15　马颈坳镇隘口村生态茶园景观

八

品饮与健康

1. 品饮方法

中国茶叶学会团体标准 T/CTSS 36—2021《黄金茶 冲泡技术规程》介绍了黄金茶（卷曲形黄金茶绿茶、黄金茶红茶及黄金茶白茶）的冲泡技术。

冲泡卷曲形黄金茶绿茶，可用玻璃杯、瓷杯、盖碗、飘逸杯冲泡。杯泡法采用玻璃杯或瓷杯，将沸水降至 80℃左右备用。有中投法和下投法两种冲泡方法。

中投法：先注水，水量为杯容量的二分之一；后投茶，每 100 毫升的水投茶 1 克；再注水，注水至杯的七分满，1 分钟后即可饮用。

下投法：先投茶，每 100 毫升的水投茶 1 克；再注水，注水至杯的七分满，3 分钟后即可饮用。

冲泡卷曲形黄金茶绿茶，还可用冷泡法。评茶用水矿泉水、纯净水均可。茶 3～4 克，水 300～600 毫升，将茶投入装冷水的容器中，浸泡 30 分钟以上，即可饮用。

冲泡黄金茶红茶（散茶），可用杯泡法、盖碗泡法、飘逸杯泡法。

冲泡黄金茶红茶（紧压茶），可用蒸汽壶泡法。

冲泡黄金茶白茶，可用盖碗或蒸汽壶泡法。

2. 保健价值

据《中国药典》《全国实用中成药手册》《全国中草药汇编》等资料记载，黄金茶可清热解毒，祛风解表，助消化。

黄金茶的茶氨酸含量一般不低于 27 毫克/克，高出一般绿茶的一倍。茶氨酸具备很多药用价值：能够促进大脑神经系统的生长发育；降血压，降血脂；增加肠道益生菌群；提高记忆力、镇静等。

本章执笔 × 鲁传清

　　古丈毛尖，为地理标志保护产品，产于湖南武陵山区古丈县，尽显武陵山水之精神。茶叶紧直多毫，色泽翠绿，嫩香高悦，滋味醇爽回甘，耐冲泡，多次荣获国际国内大奖，被誉为"中国针形绿茶的代表"。著名古丈籍歌唱家宋祖英的《古丈茶歌》，曾在全国多家电视台播出，古丈毛尖更是饮誉海内外。

第四章

古丈毛尖

产销历史

西晋成书的《荆州土地记》记载："武陵七县通出茶，最好。"

五代时期，溪州之民在当时的刺史后来的土司王彭士愁的带领下，和楚王马希范发生过因为茶叶赋税之争的"溪州之战"。

宋、元、明、清时期均有文献记载"辰州、锦州……以茶为土贡"，说明茶一直是当地土司敬献朝廷的主要贡品。

湘西最具代表性的产茶地之一是古丈县，这里是元代开辟的大西南的茶马古道经过之处，历史上茶叶的流通促进了地方经济的发展与民族文化的融合。

图 4-1　古丈县茶文化博物馆

明宣德五年（1430），湘西边墙（南方长城）兴建，沿城墙设立了大量的营盘、哨卡，长年有驻军，边墙南起黔东南的铜仁，北至古丈境内，古丈的坪营、喜鹊营、旦武营都是当时重要的军事据点，既维护地方治安，又保护过往商队的安全。边墙遗址和文献资料印证了茶马古道在当时社会经济发展中的重要地位。

清代晚期，古丈籍湘军将领、甘肃提督杨占鳌卸任返乡，将西北茶叶市场信息带回古丈，教育子女开辟茶园，以茶养乡。他发动家人种茶，亲族跟随，古丈茶园由此拓展，质量提升，产品远销西北市场。成书于清光绪三十三年（1907）的《古丈坪厅志》载："古丈坪厅之茶，种于山者甚少，皆人家园圃所产，及以园为业者所种。清明谷雨前拣摘，清香馥郁，有洞庭君山之胜，夫界亭之品，近在百余里内……若其无涩苦味，则古厅之独胜也。"

民国时期，古丈茶叶闻名遐迩，古丈的三大茶庄（正味茶庄、龙潭茶庄、绿香园）将本地茶叶远销至汉口、上海等地。1930年前后，0.5千克古丈茶可卖到四块银圆，或换来80千克大米。1937年，湖南省第三农事试验场编《湖南之茶业》第一章记载："古丈之青云山，产茶著称。"据《湖南茶产概况调查报告书》（1935年）和《湖南之茶》（1942年）两篇文献记载："古丈茶，制造得法，颇著声誉。"

中华人民共和国成立后，古丈县国营茶叶贸易公司创立，首开公营茶叶业务，并远销苏联。改革开放后，古丈茶叶经营规模不断扩大。1980年，古丈毛尖以每千克156美元的价格行销中国香港市场。

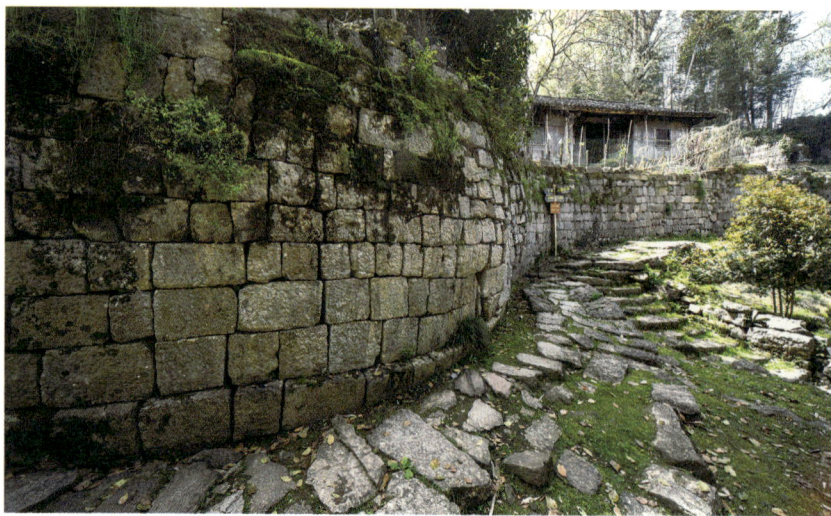

图4-2　位于老司岩的茶马古道

二

产业发展现状

1. 概况

2021年，古丈县茶园总面积12 667公顷，其中可采面积9 000公顷，全县茶叶总产量达11 380吨，实现产值14.32亿元。全县近70%的农业人口直接或间接从事茶产业，80%的农业收入来自茶叶，90%的村寨种茶。

图4-3 古丈栖凤湖茶园

古丈县坚持把基地建设作为产业发展的基础，大力推进茶叶产业转型升级，突出抓好茶叶规模化种植、标准化配管、有机化转换等工作，围绕打造"中国有机茶叶产业县"，重点支持茶叶标准化基地建设，全力推进茶园绿色有机化种植。截至2021年12月底，全县绿色食品和有机茶园认证面积3 200公顷，14家企业通过有机茶认证，38家企业处于有机茶认证转换期。

2008年起，国家茶叶产业技术体系湘西综合试验站、中国农业科学院茶叶研究所陈宗懋院士新技术推广站、湖南农业大学刘仲华院士团队科研工作站相继落户古丈。古丈县建立了大湘西有机茶产业创新创业孵化基地，成立了古丈茶业发展研究中心，为古丈毛尖生产提供了科技支撑。

古丈毛尖作为国家地理标志保护产品，实现了产品分级、质量安全有据可依。古丈县建成标准化绿茶生产线10条，年生产加工能力5 000吨；标准化红茶生产线5条，年生产加工能力2 000吨；标准化黑茶生产线4条，年生产加工能力6 000吨；有中小企业加工厂600余家，年加工能力6 000吨。

古丈毛尖现行的地方标准有3个，团体标准有1个，见表4-1。

表4-1 古丈毛尖标准名录

标准名称	标准编号	标准类别
地理标志产品 古丈毛尖	DB 43/T 205—2012	
地理标志产品 古丈毛尖 第2部分 茶叶生产技术规程	DB 43/T 205.2—2013	湖南省地方标准
地理标志产品 古丈毛尖 第3部分 加工技术规程	DB 43/T 205.3—2013	
潇湘茶 古丈毛尖	T/WHTD 001—2018	湖南省大湘西茶产业发展促进会团体标准

古丈县获得的与茶相关的荣誉有：

2014年11月，获"中国名茶之乡"称号。

2016年4月，获"中国有机茶之乡"称号。

2016年10月，获"全国重点产茶县"称号。

2017年3月20日，获"中国茶文化之乡"称号。

2017年6月，获批"古丈县生态原产地产品保护示范区"。

2017年10月，获"2017年度全国十大魅力茶乡"称号。

2017年10月，获"2017年度中国十大生态产茶县"称号。

图 4-4　古丈茶园鸟瞰

2017 年 10 月，获批"国家级出口食品农产品质量安全示范区"。

2017 年 11 月，再次被中国茶叶学会评为"中国名茶之乡"。

2018 年 4 月，成功创建"全国茶叶标准化工程示范县"。

2020 年 3 月，获国家现代农业产业技术体系"茶园绿色防控新技术示范县"称号。

2021 年 3 月，获"中国有机茶生产出口基地示范县"称号。

2021 年 9 月，获 2021 年湖南茶叶乡村振兴"十大重点县（市）"称号。

2021 年，获"2021 年度茶业百强县"称号（第十七届中国茶业经济年会发布）。

2. 品牌建设

古丈毛尖作为古丈茶的第一品牌，其亮相商界已有 80 余年的历史，与品牌建设相关的大事有：

1929 年 4 月，古丈"绿香园"毛尖茶参加南京国民政府举办的西湖博览会，获得优质奖，同年参加法国国际博览会，荣获国际名茶奖，从此开创了古丈毛尖品牌的先河。

1950 年，古丈茶叶远销苏联。

1955 年，古阳镇思源桥茶叶社茶农精制毛尖茶敬寄毛主席、周总理等中央领导，获高度赞赏。

1957 年，古丈毛尖获莱比锡国际博览会优质奖。

1959 年，韶山指名要古丈绿茶招待外宾。

1964 年，我国著名农学家、茶叶专家和社会活动家，现代茶叶事业复兴和发展的奠基人吴觉农撰写文章，论证古丈茶溪是茶的原产地之一。

1978 年，湘西州首届名茶评比会在大庸（今张家界）召开，古丈毛尖获一等奖。

1980 年，古丈毛尖以 156 美元/千克的单价行销中国香港市场，古丈绿茶在国际市场上批量出口，平均售价 7 800 美元/吨。

1982 年 6 月，跻身"全国十大名茶"之列（全国名茶评选会）。

1986 年，被载入《中国名优特产大辞典》。

1996 年，获北京亚运会畅销产品证书。

2007 年，成功申报为国家地理标志保护产品。

2007 年，获第一届世界绿茶评比金奖。

2008 年，获中国绿茶（古丈）高峰论坛名茶评比金奖。

2010 年 10 月，获第八届国际名茶评比金奖。

2010 年 12 月，入选湖南四大地方公共品牌（湖南十大茶品牌评选）。

2011 年 5 月，获"中国名茶"评选特别金奖（上海国际茶业博览会组织）。

2011 年 5 月，被国家工商行政管理总局认定为"中国驰名商标"。

2011 年 8 月，获第九届"中茶杯"全国名茶评比特等奖。

2012 年 4 月，被评为"质量相符、质价相符产品"（北京春茶节）。

2013 年 8 月，获第十届"中茶杯"全国名茶评比一等奖。

2014 年 4 月，获"神农茶都杯"湘茶大王赛头等奖。

2014 年 6 月，获美国世界茶叶博览会金奖。

2015 年 6 月，获意大利米兰世博会"百年世博中国名茶金奖"。

2016 年 9 月，获评"湖南茶叶十大公共品牌"。

2016 年 12 月，获首届"潇湘杯"湖南省名茶评比"金奖"。

2016 年 12 月，上榜"2016 湖南十大农业品牌"。

2017 年 3 月，获"中华文化名茶"称号（中国国际茶文化研究会授予）。

2018 年 8 月，被评为"湖南十大名茶"。

2018 年 11 月，获"世界生态古丈茶"称号（国际茶叶委员会授予）。

2019 年 8 月，获"世界绿茶评比最高金奖"。

2020 年 7 月，获第十届"中绿杯"名优绿茶产品质量评比特别金奖。

2021 年 1 月，古丈毛尖茶制作技艺入选湖南省第一批传统工艺振兴目录。

2021 年 9 月，被评为湖南茶叶乡村振兴"十大领跑品牌"。

3. 主要企业

截至 2022 年 5 月 30 日，全县有农业产业化省级龙头企业 4 家，州级龙头企业 8 家，规模茶叶加工企业 14 家，茶叶专业合作社 147 家，主要茶叶产销企业见表 4-2。

表4-2 主要茶叶产销企业一览表

单位名称	地址	级别
湘西自治州牛角山生态农业科技有限公司	默戎镇	省级
湖南英妹子茶业科技有限公司	古阳镇	省级
古丈县锦华农业综合开发有限公司	红石林镇	省级
湘西神土地农业科技开发有限公司	古阳镇	省级
湘西自治州春秋有机茶业有限公司	高峰镇	州级
古丈县古阳河茶业有限责任公司	坪坝镇	州级
古丈青竹山茶业有限公司	红石林镇	州级
古丈县三道和茶厂	古阳镇	州级
古丈县小背篓茶业有限公司	古阳镇	州级
古丈县源头河生态农业科技开发有限公司	默戎镇	州级
古丈合力农业开发有限公司	古阳镇	州级
古丈县耀鑫农业综合开发有限责任公司	岩头寨镇	州级
古丈县有机茶业有限公司	古阳镇	—
湖南古丈茶业有限责任公司	古阳镇	—
古丈县溪州茶业有限责任公司	古阳镇	—

资料来源：古丈县农业农村局。

"古丈县生态原产地产品保护示范区"受保护单位及其产品有：湖南英妹子茶业科技有限公司"英妹子""学明哥"牌系列茶叶，古丈县古阳河茶业有限责任公司"古阳河""古阳红"牌系列茶叶，湘西自治州牛角山生态农业科技有限公司"黛勾黛丫""牛角山"牌系列茶叶，古丈县有机茶业有限公司"倩云"牌系列茶叶，湘西自治州春秋有机茶业有限公司"妙古今"牌古丈高山有机茶系列。

4. 销售市场

北京、上海、长沙、济南等城市已建立"古丈毛尖"销售点 300 余个，古丈毛尖产品出口到欧盟国家、美国、中国香港和中国澳门等 30 多个国家和地区。古丈县城红星小区建成了茶叶专业市场，在 G352 沿线开设了湘西神土地农业科技开发有限公司、古丈县小背篓茶业有限公司、古丈县有机茶业有限公司等多个旅游接待销售点。古丈县高标准打造了竹溪湾、牛角山、梳头溪、青竹山、杜家坡等 6 个茶旅示范基地。古丈毛尖官方网站和天猫、京东商城等知名网站开设了线上专营店，30 多家茶企入驻电商平台。

图 4-5 古丈茶文化一条街（茶市）

三

品质特色

地理标志产品古丈毛尖的感官品质符合表 4-3 的规定，理化指标符合表 4-4 的规定，这些指标均引自 DB 43 / T 205—2012《地理标志产品 古丈毛尖》。

表 4-3　古丈毛尖的感官品质

等级	外形				内质			
	条索	色泽	整碎	净度	香气	滋味	汤色	叶底
特级	紧细圆直、白毫显露	隐翠	匀整	洁净	嫩香高锐持久	鲜爽醇甘	浅绿	嫩匀
一级	紧结、显毫	翠绿	匀整	洁净	嫩香高长	醇爽	浅绿	较嫩匀
二级	较紧结、显毫	绿润	较匀整	匀净	粟香较高长	较醇爽	黄绿	黄绿较匀

表 4-4　古丈毛尖理化指标　　　　　　　　单位：%

项目		指标		
		特级	一级	二级
水分	≤	6.5	6.5	6.5
水浸出物	≥	37.0	37.0	37.0
总灰分	≤	6.5	6.5	6.5
碎末茶含量	≤	6.0	6.0	6.0
粗纤维含量	≤	12.0	12.5	13.0

图 4-6 古丈毛尖汤色与干茶

四

产地生态环境

1. 产区地理分布

古丈县位于湖南省西部武陵山区，湘西土家族苗族自治州中部偏东，酉水之南，峒河之北，地处东经 109°44′42″ ～ 110°16′13″、北纬 28°24′05″ ～ 28°45′57″。 辖域东西长 51.36 千米，南北宽 40.52 千米，总面积 1 297.45 平方千米。 古丈毛尖地理标志产品保护范围为古丈县古阳、高峰、岩头寨、坪坝、断龙山、红石林、默戎七个镇（2015 年乡镇区划调整后）。古丈县茶园分布见图 4-7。

图 4-7 古丈县茶园分布

2. 产地气候特点

古丈县属中亚热带山地型季风湿润气候。气候温和湿润，热量充足，降水集中，四季分明，夏无酷暑，冬少严寒。气候的地域分布不匀，小地形气候复杂，垂直变化大，山地逆温效应明显，具有山地森林小气候的特点。年平均气温约16℃，最热月平均气温26.2℃，极端最高气温40.1℃；最冷月平均气温在10℃以下，极端最低气温−9.1℃。年平均降水量1 475.9毫米，降水集中，雨季明显，3—8月的降水量占全年降水量的73.8%。年平均日照1 304小时，年平均无霜期275.5天，年平均相对湿度为81%。

3. 产地土壤与生物多样性

古丈毛尖产地土壤为砂岩、板页岩、石灰岩发育而成的山地黄壤、黄红壤，也有由紫色砂

图4-8　山崖水畔得幽居——酉水岸边的茶园

页岩发育成的紫砂土。土壤水平分布规律为：东南部为紫色砂页岩、板页岩发育而成的紫砂土，主要分布在山枣、河蓬、坪坝；中部多为砂岩、页岩发育而成的黄壤及黄红壤，主要分布在古阳、罗依溪、高望界、高峰、默戎、双溪等地；西北部为石灰岩发育而成的石灰土，主要分布在断龙、红石林。土壤的垂直分布规律为：自下而上分别是黄红壤、黄壤，一般黄红壤与黄壤的分界线在海拔460米左右。

土层厚度40～80厘米；土壤pH 5.1～6.4；土壤有机质含量丰富；全氮含量高，其中含氮量大于1%的面积占83%，全磷含量在0.1%～0.2%，全钾含量平均为2.2%。

古丈县植被丰富。典型植被为常绿阔叶林与杉木林，海拔较高处为常绿落叶阔叶混交林，高山顶脊为灌丛草地。已发现木本植物197科1 500种，其中国家重点保护树种30种。

古丈是湖南省林业大县。森林覆盖率高达79.81%，拥有高望界国家自然保护区和坐龙峡国家森林公园，还有清澈的酉水河与栖凤湖，空气中负氧离子浓度高，先后被评为"中国生态魅力县""中国天然氧吧""中国健康养生休闲度假旅游最佳目的地""全国休闲农业和乡村旅游示范县"。

古丈茶叶生产基地，环境清幽，青山环绕，水草丰茂，原生态气息浓厚。茶园也是公园，生产基地已成为大自然的一道风景线。

图4-9　古丈牛角山有机茶基地

五

鲜叶生产

1. 茶树品种

适制品种有古丈群体、碧香早、楮叶齐、黄金茶1号、香波绿、乌牛早等中小叶种。

2. 茶园培管技术

执行湖南省地方标准 DB 43 / T 205.2—2013《地理标志产品 古丈毛尖 第2部分 茶叶生产技术规程》。

2018—2021年，古丈县与中国工程院院士陈宗懋团队合作，在全县7个镇16个村建设绿色防控检测核心示范点16处，对古丈茶园4种常见虫害进行全面的绿色防控检测，在核心示范点率先试行大湘西茶园绿色防控技术。目前，古丈县已建成2 067公顷的绿色防控示范基地。

图4-10　绿色防控示范茶园

六

加工技术

1. 原料要求

手工采摘。采摘期为春季。加工古丈毛尖的原料，特级为茶树单芽，一级为一芽一叶，二级为一芽二叶。

图4-11　清明正是采茶时

2. 加工技术

工艺流程：摊青→杀青→初揉→炒二青→复揉→炒三青→做条→提毫收锅。

（1）摊青
将收购的鲜叶按级摊青。晴天摊叶厚度6～8厘米，摊放4～6小时；雨天摊叶厚度3～5厘米，摊放10～12小时。

（2）杀青
手工杀青：在直径78厘米、深24.5厘米、倾斜度15°的铁锅内进行手工杀青，炒前应先洗净铁锅。当锅温升至180～220℃时投叶，每锅投叶0.5～0.6千克。鲜叶下锅后，双手翻抖，先闷后抖，抖闷结合。杀青时，锅温先高后低，杀青时间3～4分钟，至叶色变暗，叶质柔软，发出清香，然后出锅清风摊凉至室温。

机械杀青：采用40型、50型或60型滚筒式杀青机杀青，杀青时间1.5～2.5分钟，至叶色变暗、叶质柔软、发出清香时止，清风摊凉至室温。

（3）初揉
手工揉捻：在光滑洁净的簸箕中进行手工揉捻。初揉用力要轻，中途解块2～3次，初揉3～4分钟至茶叶初步成条。

机械揉捻：采用30型或40型揉捻机轻揉，揉5～10分钟，成条率80%左右时下机、抖散。

（4）炒二青
手工炒二青：以抖炒为主，炒量为一锅揉捻叶，时间4～6分钟，炒至四成干时出锅，茶坯应及时摊凉。

机械炒二青：采用60型不锈钢瓶炒机，投叶量为4～6千克揉捻叶，锅温175～185℃，时间3～5分钟。

（5）复揉

手工复揉：用力较初揉重，中途解块 1～2 次，揉 4～5 分钟，揉至茶条紧结。

机械复揉：揉 10～15 分钟，揉至茶条紧结。

（6）炒三青

以抖炒为主，炒至茶条不粘手时降低锅温，待锅温降至 60℃时，即可在锅内做条。

（7）做条

先理条，待茶条基本理顺后，再拉条，理、拉、搓反复进行，炒至茶条有光滑感时出锅摊凉。一级、二级古丈毛尖若采用理条机理条，时间 5～10 分钟，待条索圆、紧、直时下机摊凉。

（8）提毫收锅

炒锅洗净，锅温 70～80℃，投叶量 0.5 千克左右。茶叶下锅后，轻轻翻炒，边翻边理条，当茶条受热回软时，用双手将理顺的茶条置于掌中，轻轻揉搓。揉搓时要防止茶条断尖脱毫，白毫提出后增温提香。炒至足干（茶叶含水量低于 6.5%），干茶摊凉后密封储藏。

图 4-12　古丈毛尖加工现场

七

名茶文化

1. 茶俗

世居武陵山区的土家族、苗族、汉族等民族，以茶入食，其红白喜事，待人接物，请客送礼等，都浸透着茶文化。

三回九转。湘西旧时存在"以茶为聘"的婚俗礼仪和"茶定终身"的婚俗制度。"三回"即放信茶，亦称头书；二道茶，亦称允书；三道茶，亦称庚书。"九转"即在"三茶"基础上完成"纳采、问名、纳喜、纳征、诗期、亲迎"六个礼仪程序（"六礼"）。"三茶"加上"六礼"即为"九转"。"三回九转"是封建社会包办婚姻的产物，加之礼节过于繁复，现已废止。

合合茶礼。旧时土家族集聚地区婚礼上的敬茶方式。婚礼上拜茶期间，新郎新娘于堂屋一侧同坐一凳，相邻两脚相互勾连，新郎左手与新娘右手互置于对方肩上，新郎右手与新娘左手之拇指及食指构成一方形，置茶碗于其上，亲戚等人以口凑近饮茶，分享新人的喜气。

捂碗谢茶礼。"交际茶礼"的一种。清末至民国年间，在浦市、茶洞、里耶、王村四大水路重镇的商家和乾州、永绥、凤凰、古丈苗疆四厅官场中较有修养的茶客间较流行，现已绝迹。当时，有身份的茶客一般崇尚盖碗茶。盖碗茶大多在大户人家或大街市的高档茶馆才配备。招待客人饮茶时，如果碗中仅剩三分之一的茶水，就得续水。这时，客人若不想再饮，就得谢茶。谢茶时不用言语，而用手势示意。平摊右手掌，手心朝上，左手背朝上，轻轻移动手背即可。此举意为请不要续水，我不喝了，谢谢你！

三朝茶（洗）礼。旧时土家族、苗族的一种特殊的茶俗礼仪。婴儿降生第三天举行洗浴仪式，家人礼请族中最有福气的女子为婴儿洗澡，并举办祈福活动。洗礼时一般用茶水洗头洗面，用艾水洗脚净身。这种习俗，至今仍存。

搓茶剃胎发。土家族的一种茶事礼俗。无论男孩女孩，均要在出生后满月当天履行"搓茶剃胎发"仪式。先敬一碗清茶于祖宗堂位前，待茶稍凉后，主持仪式的家族长者在整理好五牲福礼和十全果盘后，边放茶水，边默念"茶叶清白，头发清白……"等祝福语，然后开剃胎发，俗称茶叶开面。剃净后，将胎发捡拾起来，用红布包好，再用丝线捆扎吊挂在孩子母亲的床檐，直至孩子长大成人。剃完头，主祭的长者便抱孩子拜神"请菩萨"，然后，族人依辈次叩拜祖宗，这种仪式活动又被称为"做全堂羹饭"。最后，小孩拜见亲友长辈，受拜者须回以拜见钱和见面首饰，仪式才算结束。

以茶入祭祀。《湘西乡土调查汇编》有言："（苗族）畏神信巫，实为他族所罕见。人病则曰'有鬼'，延巫祈祷，或祭祖先，或祭天地，或椎牛，或接龙，或以巫师之言为断。"《苗族风俗实录》中有巫词："干茶水酒祭师傅，天神地神请拢来。"

2. 茶歌

古丈的土家族和苗族能歌善舞，爱唱茶歌。采茶时节，穿红着绿的阿哥阿妹，背起背篓，爬上茶山，哼起茶歌。民间茶歌并无固定的歌词，唱歌的人根据自己的心情填充唱词。

宋祖英演唱的《古丈茶歌》流传最广。此歌由夏劲风作词、龙伟华作曲。1994年春，宋祖英自筹资金，把中央电视台和长沙电视台的一班人请到了古丈，她以满山的茶叶和采茶姑娘为背景，深情地演唱了《古丈茶歌》。从此，"绿水青山映彩霞，彩云深处是我家，家家户户小背篓，背上蓝天来采茶"的歌声便传遍全国，传向海外，古丈毛尖茶也借此走出湘西，走出湖南，走向了世界。

3. 名人与茶

名人对古丈茶的赞赏，增加了古丈茶文化的内涵。

民国"湘西王"陈渠珍称古丈茶叶"清香扑鼻，异人传法"。

著名画家黄永玉特别为古丈茶设计了竹篓包装。几年后又为古丈毛尖题词。

著名作家沈从文，住在北京40余载仍不忘怀古丈茶，他曾写道："山城那个古丈县茶叶清醇中，别有一种芳馥之气。"

著名导演、电影艺术家谢晋喝了古丈茶以后，挥笔题词"山好、水好、古丈毛尖好中好！"

世界杂交水稻之父袁隆平院士题写了"中国名茶，古丈毛尖"。

何纪光《挑担茶叶上北京》在首都舞台唱响，倾倒众多京华歌迷。

4. 茶艺（解说词）

武陵巍巍，酉水滔滔，位于洞庭之源的湘西古丈，群峰连绵，云雾缭绕，在这充满灵气的土地上，孕育了闻名遐迩的古丈茶。茶乡的儿女，润泽大山的灵气，畅饮香茗琼汁。何纪光的一首《挑担茶叶上北京》，宋祖英的一首《古丈茶歌》，让享誉中华的古丈茶走进了千家万户。古丈以茶兴县，以茶待客，以茶陶情，呈现了不同的饮茶礼仪，蕴含着不同的文化形态，古丈毛尖茶艺就是其中一朵绚丽的奇葩。

第一道：湘女妆罢迎宾客（洁具）。

今天我们所选用的冲泡器皿为直筒无花透明玻璃杯。冲泡之前我们将所用器皿再次清洗，晶莹的玻璃杯经过清洗后更显冰清玉洁。透过水汽，仿佛纯洁好客的苗家少女，为迎接远道而来的贵宾精心装扮，期待着你们的到来。

第二道：初现仙姿赏翠芽（赏茶）。

我们精心挑选了优质的古丈毛尖，古丈毛尖采用细嫩的芽叶制作而成，其外形条索紧细，色泽翠绿，白毫显露。

第三道：瑶池瑞草落人间（投茶）。

茶吸天地之灵气，聚日月之精华，翠绿的芽头落入杯中，宛若瑶池瑞草落人间。

第四道：春雨润物细无声（润茶）。

向杯中注入三分之一的热水，并轻摇茶杯，使茶芽得到初步的浸润，有助于其内含物的浸出（图4-13），不禁令人想起"好雨知时节，当春乃发生。随风潜入夜，润物细无声"的诗句来。

第五道：有凤来仪表敬意（冲水）。

冲泡古丈毛尖讲究高冲水，水壶三起三落，恰似凤凰三点头，以表古丈人民对在座各位的敬意。

第六道：古丈茶情传神州（奉茶）。

现在将冲泡好的古丈毛尖敬奉给各位来宾。古丈茶历史悠久，文化底蕴深厚，今天随着何继光、宋祖英的歌声，古丈茶更如插翅飞翔，载着古丈人民的情谊，传遍五湖四海。

第七道：栖凤湖畔绿意浓（赏茶）。

茶芽吸水后，茶汁慢慢地浸出，呈现出生命的绿色，宛若瑶池琼浆，好一幅"栖凤湖畔春意浓，无限美景醉人心"的画卷，让人浮想联翩。

第八道：香浓水甜回味隽（品茶）。

现在请各位来宾将茶杯端起，嗅闻茶香，古丈茶所特有的清香扑鼻而来，令人神清气爽，如沐春风。再细品茶汤，其香高长，其味鲜爽回甘，满嘴生津（图4-14）。

第九道：以茶结缘情意长（谢茶）。

茶人认为每一次茶会都是因缘而结，我们将会把这段美好的时光留在心底，珍惜这份难得的茶缘，同时也期待着再次相遇。我们的表演到此结束，谢谢大家！

图4-13 古丈毛尖茶艺（润茶）

图4-14 古丈毛尖茶艺（品茶）

八

品饮与健康

1. 冲泡方法

古丈毛尖属细嫩名优绿茶，冲泡水温以 80 ～ 90℃ 为宜，以茶叶越细嫩水温越低为基本原则。根据冲泡场所与需求，合理选用分杯冲泡法或单杯冲泡法。

投茶方法一：上投法，即先注水至七分满，再投茶；

投茶方法二：下投法，即先投茶，然后分两次注水至七分满。

（1）茶水比

应根据冲泡方法、品饮者习惯等不同酌情决定取茶量的多少。表 4-5 为古丈毛尖冲泡推荐茶水比。

表4-5　古丈毛尖冲泡推荐茶水比

泡茶方法	茶水比	示例
分杯冲泡法	1：30	3 克茶，90 毫升水
单杯冲泡法	1：50	3 克茶，150 毫升水

（2）浸泡时间与频次

根据茶品的等级、品饮者的喜好，浸泡时间与频次可略加调整（表 4-6），一般而言，续水冲泡 3 次后，茶叶变淡，即可换茶。

表4-6　古丈毛尖浸泡时间与频次示例

泡茶方法	分杯冲泡法		单杯冲泡法（杯中余三分之一茶水时续杯）	
	上投法	下投法	上投法	下投法
润茶	无	10秒	无	10秒
第一道	70秒	40秒	120秒	90秒
第二道	60秒	40秒	100秒	90秒
第三道	80秒	60秒	150秒	120秒

2. 保健价值

古丈毛尖茶含有十分丰富的儿茶素（9%～10%）、茶氨酸（2%～3%）和咖啡碱（4.0%～4.5%），这三大茶叶功能成分的优化组合，构成了古丈毛尖茶保健成分金三角。

国家植物功能成分利用工程技术研究中心采用细胞模型和基因模型等分子生物学技术研究表明：常饮古丈毛尖茶，可有效清除过量自由基，阻止羰-氨交联反应，抑制细胞内毒性羰基的生成，抑制皮肤色素沉积（黄褐斑、雀斑等）和老年色素荧光物质（老年斑）的形成；降低由自由基攻击引起的蛋白质变性，增强皮肤细胞的活力与增殖能力，具有美容抗衰作用；修复由毒性羰基化合物诱导的神经细胞损伤，维护脑神经细胞的活力，预防阿尔茨海默病和帕金森病；抵御辐射诱导形成的过量自由基，增强皮肤细胞和脑细胞的抗氧化活力；调节大脑中枢神经细胞，缓解紧张情绪。

清末古丈正味茶园许介眉，精通中医和制茶技法，写有《茶封广告》留世：

> 古丈茶，味微苦而甘，性微寒。因其制造出自天然，故能入五脏，大去浮热。又能明目清心，生津止渴，消食下气，和胃醒脾，除内烦，安心神，去痰火，醒昏睡，善解酒食、油腻、烧灸诸毒。更治偶然痰厥气冲、头痛如破，如服药味不效者，煮此茶恣意频饮，吐出胆汁即愈。若以蓄储令陈，同生姜等分浓煎饮之，可治赤白痢。

茶疗在古丈民间广为流行：长疮生包用湿润的茶叶敷患处，可消肿止痛；蚊叮虫咬，湿润的茶叶可止痒消毒；酒肉过饱，可饮茶醒酒消食；精神疲倦，可饮茶提神醒脑。

本章执笔 × 李晋中

张大明

碣滩茶，沅陵县特产，中国国家地理标志产品。碣滩茶得名于唐，明清时被称为"辰州碣滩茶"，原产地位于沅水江畔的沅陵碣滩山区。

碣滩茶

第五章

水韵沅陵
——蒙湖风光

一

产销历史

沅陵产茶，历史悠久。其源头可上溯至神农时代。

陆羽《茶经》提出："茶之为饮，发乎神农氏，闻于鲁周公。"所以，炎帝神农氏是中国第一个发现茶的饮用功能与药用食用价值的先祖。神农氏死于湖南，有茶陵与茶山为证。但神农生于何处，却鲜有知者。《世说新语笺疏》引晋代《伏滔集》载《习凿齿论青楚人物》，提出"神农生于黔中"。古时"黔中"指湖南西部，包括湖南省沅水、澧水流域，湖北省清江流域，四川省黔江流域及贵州省东北部一带（见《读史方舆纪要·历代州城形势·秦》）。按《辞海》《辞源》注，黔中包括怀化境内的会同、沅陵，常德境内的沅水流域，即五溪地区。

前280年，秦将司马错攻楚，屯兵于沅水之南，发现当地流传着一种"苦羹"，这种苦羹即"擂茶"的前身。汉高祖五年（前202），置沅陵县，属武陵郡，开始广植茶树。东汉建武二十三年（47），伏波将军马援征五溪蛮，驻军于沅陵，盛夏士军多疾，百姓敬献汤药，令三军疫病尽除，土著所献"祖传秘方五味汤"（也称"三生汤"），就是流传于沅陵官庄、桃源、安化、桃江一带的"擂茶"（周俊敏、萧力争《文化潇湘茶》）。擂茶的主要配料是茶叶，那时正处于茶叶的药饮与羹饮时代，可见当时沅陵百姓已普遍种植与饮用茶叶。

西晋《荆州土地记》载："武陵七县通出茶，最好。"考西晋武陵七县，即今怀化市、湘西州、常德市等地。可见，沅陵在两晋时期就已成为重要茶区，人们普遍制茶、饮茶（张大强《无射山在沅陵》）。

沅陵茶叶在唐代已作贡品，颇有名气。宋代，辰州（沅陵）依然为当时湖南五大产茶区之一。据同治《沅陵县志》木刻本"茶"条记载："唐权德舆作陆贽《翰苑集》序，领新茶一串作此字，'邑中出茶处多，先以碣滩产者为最，后界亭茶盛行'。"又云："极先摘者名白毛尖，今且以之充土贡矣。"据《辰州府志》载："邑中出茶多，先以碣滩产者为最。"唐代杜佑

第五章　　　　　　　　　　　　　碣滩茶　　　　　　　　　　　　125

所撰《通典》有言：溪州等地有茶芽入贡。经当代茶圣吴觉农先生查证，溪州在唐代为沅陵以西各地，范围极广（陈宗懋、杨亚军《中国茶经》）。

明代朱元璋改水路驿站为陆路驿站后，碣滩茶一度衰落，而沅陵官庄镇辰龙关前的界亭驿一带却茶树蓊郁，茶园广布，官庄界亭茶从唐代开始盛行，明清时期被列为贡品。清代林则徐赴云南任主考途经辰州，品饮茗香，诗兴大发，留下"一县好山留客住，五溪秋水为君清"的佳句。此时，沅陵碣滩茶、界亭茶、官庄毛尖，因特有的叶茶、芽茶制作工艺，名列贡品。

民国时期，沅陵县仍为湖南省主要产茶县之一。20 世纪 30 年代，全县茶园面积达 2 000 公顷，年产茶叶 500 吨以上，居全省第四位。所产红茶、绿茶远销长江各埠，每年销售茶叶收入 10 万银圆左右。后由于国民党政府抽取重税导致茶农毁茶种粮，到 1949 年，全县茶园仅存 280 公顷，年产茶叶 109 吨。

中华人民共和国成立后，茶叶生产逐步恢复。1950 年，县人民政府动员农民垦复荒芜茶园 31 公顷，新辟茶园 94 公顷。农业合作化期间，政府在茶叶产区建立茶叶生产合作社，发放贷款，实行奖励政策；举办茶叶技术培训班，传授种茶和制茶技术。1958 年，全县茶园面积恢复到 1 100 公顷，年产茶叶 173 吨。

1972 年 9 月，日本时任首相田中角荣访华，在一次谈话中，田中角荣向周恩来总理询问碣滩茶。为恢复历史名茶，在周恩来总理的关怀下，国家、湖南省有关部门充分重视、大力支持，沅陵开始恢复碣滩茶的种植与生产（朱先明《湖南茶叶大观》）。当年全县建立茶场 312 个。1978 年，全县茶园面积达到 2 100 公顷，年产茶叶 313 吨。1987 年，全县茶园面积 2 500 公顷，茶叶总产量 580 吨，其中有专业承包茶场 238 个，经营面积 900 公顷。20 世纪 90 年代以后，沅陵相继修建了五强溪、凤滩、高滩三座大型水电站，为帮助库区移民脱贫，沅陵县委、县政府在库区内号召移民进行茶叶开发，建立高标准茶园，扶持移民发展茶产业。1994 年起，沅陵在库区建立了近 333 公顷的无性系良种茶园，为库区移民群众搭建了致富平台。

二

产业发展现状

1. 概况

2022 年，全县茶园面积达 1.21 万公顷，年产量 1.8 万吨，综合产值 23 亿元。涉茶企业、合作社 120 多家，涉茶人口 12 万余人，带动了 5 216 户、18 357 人脱贫，脱贫人口年均增收 800 元。通过舞活龙头企业，沅陵县将小茶叶做成大产业，茶叶成为带动当地村民致富的"金叶子"，为推动脱贫攻坚与乡村振兴无缝衔接注入了源源动力。沅陵县先后被授予"全国重点产茶县""全国十大生态产茶县""中国生态有机茶之乡"称号。

碣滩茶从采摘、加工到仓储、运输，管理严格，是不落地的茶。全县已建成清洁化、智能化生产线 9 条，名优茶生产线 67 条，普通大宗茶生产线 35 条。基本完成了辰投碣滩茶产业园、凤娇碣滩茶业产业园和 6 个茶叶加工聚集区项目的建设。

沅陵县与湖南农业大学联合建设了湖南省碣滩茶工程技术研究中心，开展品种选育、成分分析、标准体系等课题研究；与湖南省茶叶研究所合作，先后培训实用技术人才近万人，涌现出一大批种茶、做茶的能工巧匠。

沅陵县以茶促旅，以旅兴茶，规划了两条茶旅走廊，分别是官庄辰龙关至筲箕湾沿路的"百里九乡十万亩茶旅融合经济走廊"和沿沅水从县城至五强溪的"沅江茶旅生态走廊"；正在实施"三个一"工程，即打造一个景区（辰龙关碣滩茶庄园），举办一场节会，创作一批作品。

沅陵县 2021 年获评湖南茶叶乡村振兴"十大重点县（市）"。

2.品牌建设

沅陵县委、县政府决定以统一碣滩茶品牌为突破口，按照"政府搭台、企业参与、发展母子品牌"的模式，整合资源、出台政策，加大宣传、加强监管。

2011年，碣滩茶被批准为国家地理标志保护产品，沅陵县人民政府发布了《碣滩茶地理标志产品保护管理办法》（沅政发〔2011〕5号）。

2014年，碣滩茶获批国家地理标志证明商标（图5-1），沅陵县发布《"碣滩茶"地理标志证明商标使用管理办法》（沅政办函〔2014〕97号）；沅陵县茶叶协会印发了《"碣滩茶"包装暂行管理办法》，成立了碣滩茶地理标志证明商标管理办公室（设在县市场监督管理局），专门负责证明商标的申报和统一包装的审核。初步实现包装、质量、标准、商标、宣传、价格六统一。现有33家企业被授权使用碣滩茶商标，建成了"潇湘＋碣滩茶＋企业商标"多级商标体系。

2017年，碣滩茶荣膺"中国优秀茶叶区域公用品牌""湖南省十大农业区域公用品牌"。2018年，碣滩茶被评为"湖南十大名茶"。2022年，经浙江大学CARD中国农业品牌研究中心评估，碣滩茶品牌价值为31.9亿元（胡晓云《2022中国茶叶区域公用品牌价值评估报告》）。

碣滩茶
JIETANCHA
图5-1 "碣滩茶"地理证明商标

碣滩茶标准化体系已经建立，现行标准见表5-1。

表5-1 "碣滩茶"标准一览表

标准名称	标准编号	标准类别
地理标志产品 碣滩茶	DB43/T 796—2013	地方标准
地理标志产品 碣滩茶生产技术规范	DB43/T 797—2013	
碣滩茶 第1部分：产品质量	T/HNTI 037.1—2021	团体标准
碣滩茶 第2部分：茶园建设技术规程	T/HNTI 037.2—2021	
碣滩茶 第3部分：加工技术规程	T/HNTI 037.3—2021	
潇湘茶 碣滩茶	T/HTBBA 003—2022	

3. 主要产销单位

沅陵县主要茶叶产销单位见表5-2。

表5-2　沅陵县主要茶叶企业

单位名称	地址	级别
湖南官庄干发茶业有限公司	官庄镇	省级
沅陵县皇妃农林开发有限公司	清浪乡	省级
湖南省沅陵碣滩茶业有限公司	麻溪铺镇	省级
湖南省辰州碣滩茶业有限公司	沅陵镇	市级
沅陵县双溪茶业开发有限公司	沅陵镇	市级
湖南湘瑞健茶业有限公司	官庄镇	市级
沅陵县官庄银峰茶业有限公司	官庄镇	市级
沅陵山峰茶业有限责任公司	马底驿乡	市级
湖南彭氏生态农业开发有限公司	凉水井镇	市级
沅陵县天华山茶业有限公司	筲箕湾镇	市级
湖南辰州伟业农林有限公司	沅陵镇	市级
沅陵县天湖茶业开发有限公司	马底驿乡	市级
沅陵县万羊山农林开发有限公司	七甲坪镇	市级
湖南紫艺茶业有限公司	五强溪镇	市级
湖南中百茶业有限公司	沅陵镇	市级
沅陵县辉煌茶叶专业合作社	官庄镇	—
沅陵县碣滩茶叶种植专业合作社	北溶乡	—
沅陵县五岭春茶业有限责任公司	五强溪镇	—
沅陵县绿源茶叶种植专业合作社	马底驿乡	—
沅陵县舒溪茶业有限责任公司	盘古乡	—
沅陵县齐眉界国有林场经营部	杜家坪乡	—
湖南鼎楠茶业有限责任公司	沅陵镇	—

单位名称	地址	级别
沅陵县雷公洞茶叶种植专业合作社	马底驿乡	—
沅陵蜜峰岩茶叶开发有限公司	五强溪镇	—
沅陵县北溶鸿业茶叶种植专业合作社	北溶乡	—
湖南辰投碣滩茶业开发有限公司	沅陵镇	—
湖南青豹农林开发有限公司	沅陵镇	—
湖南沅陵十八湾茶业有限公司	楠木铺乡	—
沅陵县田园茶乡生态茶叶专业合作社	官庄镇	—
沅陵县思源农林开发有限责任公司	楠木铺乡	—
沅陵县借母溪茶业有限公司	借母溪乡	—
沅陵县湘园春茶叶种植专业合作社	凉水井镇	—
湖南官庄茶叶专业合作社	官庄镇	—

数据来源：沅陵县市场监督管理局（排名不分先后），统计截至2022年年底。

　　湖南官庄干发茶业有限公司是"怀化老字号企业""湖南省农业产业化龙头企业""国家高新技术企业""'十三五'期间全国民族特需商品定点生产企业""第一批省级扶贫龙头企业"。

　　公司的"干发"牌商标是湖南省著名商标，"干发"牌碣滩茶是湖南名牌产品，先后40余次荣获省部级名茶评比金奖。2015年8月，公司研制生产的"干发牌碣滩银毫"在意大利米兰世界博览会荣获"百年世博中国名茶金骆驼奖"。同年9月，公司旗下的辰龙关十里生态观光茶廊被授予"中国三十座最美茶园"荣誉称号。

　　沅陵县皇妃农林开发有限公司

图5-2　碣滩银毫

图 5-3　皇妃红茶

系湖南省省级农业产业化龙头企业。公司生产的"皇妃碣滩"牌御饮妃红红茶荣获 2021 年第十三届湖南茶叶博览会"茶祖神农杯"评选金奖，年产值 5 000 万元，全国有品牌专卖店 20 家，现有茶叶种植专业合作社 3 家，拥有有机茶叶基地 333 公顷，辐射 2 个行政乡镇、15 个行政村，带动帮扶 3 000 人脱贫致富，有标准化清洁无尘厂房 2 栋，办公住宿楼近 1 000 平方米。

湖南省沅陵碣滩茶业有限公司（图 5-4）系湖南省农业产业化龙头企业、湖南省碣滩茶工程技术研究中心共建单位、国家高新技术企业。公司自有茶园面积 200 公顷，联合经营茶园面积 186 公顷，标准化示范茶园 20 公顷，已通过有机茶认证。凤娇碣滩茶产业园是全国农业农村信息化示范基地、全国巾帼脱贫示范基地、湖南省特色产业园。

图 5-4　湖南省沅陵碣滩茶业有限公司

4. 销售市场

沅陵县内建有城南茶叶专业批发市场，是集贸易、信息、电商、体验、物流于一体的综合性商业平台；官庄镇、马底驿乡等重点产茶乡镇建有茶叶鲜叶交易市场。

碣滩茶线上线下市场并重，线下建有 500 家实体品牌店、1 000 家经销店，线上建有 10 家网络销售平台，打通了边销茶和出口茶渠道，打造了沅陵、怀化、长沙三大样板市场。建有长沙高桥市场碣滩茶品牌一条街，落地品牌店 20 家、经销商 200 家；建有怀化碣滩茶品牌运营中心，全市落地品牌店 200 家、经销商 500 家。建有沅陵县城碣滩茶文化一条街，落地茶馆、茶艺培训馆、茶文化馆 100 家。

图 5-5 碣滩茶冠名高铁专列（2022 年）

三

品质特色

碉滩茶的感官品质特征见表 5-3，理化指标见表 5-4，这些指标引自地方标准 DB 43/T 796—2013《地理标志产品 碉滩茶》。

表5-3　碉滩茶的感官品质

等级	外形		内质			
	条索	色泽	香气	滋味	汤色	叶底
碉滩一号	紧秀匀齐，略卷曲	银毫满披隐翠	嫩香高长	鲜爽回甘	嫩绿明亮	嫩绿匀亮
碉滩银毫	紧结匀齐，略卷曲	翠绿显毫	栗香高长	鲜爽回甘	杏绿明净	黄绿较亮
碉滩翠峰	条索紧实，微曲	墨绿带毫	栗香较长	醇和	尚绿明净	黄绿尚亮

注：碉滩银毫又名碉滩二号，碉滩翠峰又名碉滩三号。

碉滩一号　　　　　　碉滩银毫　　　　　　碉滩翠峰

图 5-6　碉滩茶外形

表5-4　碣滩茶理化指标　　　　　　　　　　　　　　　　单位：%

项目		指标		
		碣滩一号	碣滩银毫	碣滩翠峰
水分	≤	7.0	7.0	7.0
水浸出物	≥	40.0	37.0	37.0
总灰分	≤	5.0	6.0	6.0
碎末茶	≤	2.5	3.5	3.5
粗纤维含量	≤	12.0	14.0	14.0
茶多酚	≥	18.0	20.0	20.0
咖啡碱	≥	4.0	4.0	4.0
游离氨基酸	≥	3.0	3.0	3.0

碣滩一号　　　　　碣滩银毫　　　　　碣滩翠峰

图5-7　碣滩茶汤色

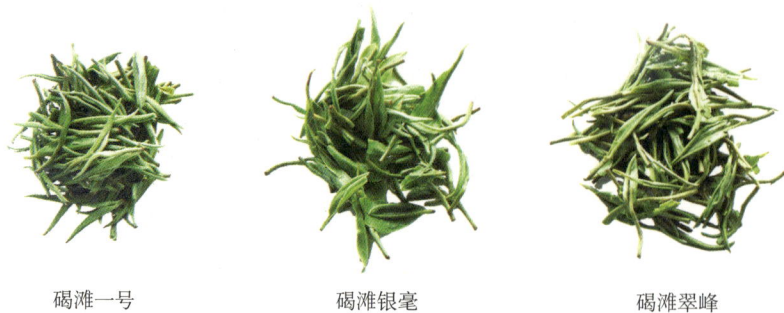

碣滩一号　　　　　碣滩银毫　　　　　碣滩翠峰

图5-8　碣滩茶叶底

四

产地生态环境

1. 产区地理分布

碣滩茶产地范围为沅陵县现辖行政区域。沅陵县位于湖南省西北部，怀化市北端，沅水中游，地处武陵山东南麓与雪峰山东北尾端交会处，地理坐标为东经 110°05′31″ ～ 111°06′27″，北纬 28°04′48″ ～ 29°02′26″。沅陵县 1.2 万公顷茶叶基地中有 0.8 万公顷建在高山上，平均海拔 400 米左右。碣滩茶产区范围见图 5-9。

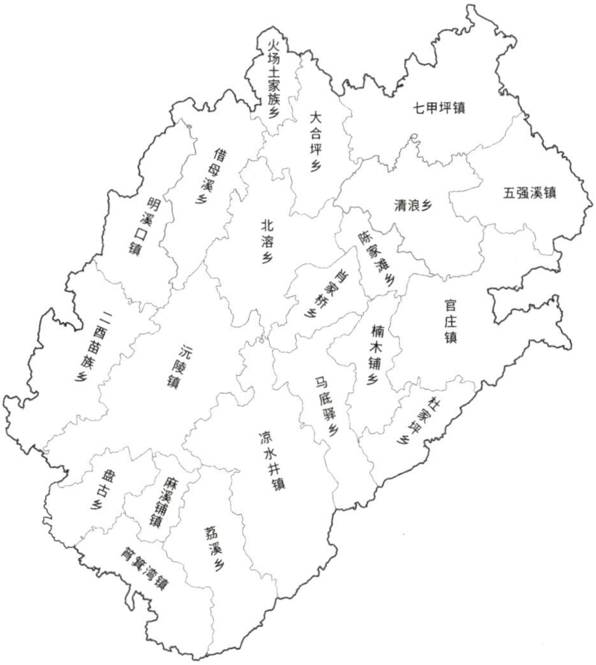

图 5-9 沅陵县碣滩茶产区范围

2. 产地气候条件

沅陵县属中亚热带季风湿润气候，阳光充足，降水充沛，年均降水量 1 440.9 毫米，四季分明，年平均气温 16.6℃，无霜期 272.2 天，冬季盛行北风和东北风，夏季盛行南风和西南风。年平均相对湿度 78%，年平均蒸发量 1 215.8 毫米，森林覆盖率达 76.2%。

武陵、雪峰两大山脉交会于此，沅江、酉水穿境而过，五强溪、凤滩、高滩三座大中型水电站坐落于此，茶叶产地云雾缭绕，在这种小库区气候下生长的茶树，芽头肥壮，叶质柔软，茸毛甚多，内含物丰富。

3. 产地土壤与生物多样性

碣滩茶主要产区的土壤为板页岩、千枚岩等风化而成，土壤多为紫色土、红黄壤、砂壤，土层厚度≥80厘米，pH 4.3～6.0，有机质含量≥1.0%。

沅陵县山地总面积 582 550 公顷，占全县面积的 72.7%，是湖南省面积最大的山区县，适宜各种植物生长。山地树种繁多，有乔木、灌木、木质藤本植物 111 科 310 属。茶园海拔多在 400～600 米，茶山坡度一般在 25° 以下。

鲜叶生产

1. 茶树品种

适制碣滩茶的茶树品种主要有碧香早、槠叶齐、湘波绿、黄金茶等良种及当地群体种。沅陵群体种特性为茶树芽头肥壮、叶质嫩柔、茸毛较多。

2. 茶园培管技术

茶叶基地建设坚持生态立茶理念，以有机生态为标准，结合沅陵县地形地貌、土壤气候和区域经济条件等特点，做到宜茶则茶、因地制宜、合理布局、科学发展。全县启动了绿色防控体系建设，统一了除草、施肥等标准，不施用化学农药。

六

加工技术

湖南省茶叶学会团体标准 T／HNTI 037.3—2021《碣滩茶 第 3 部分：加工技术规程》规定了碣滩茶的原料要求、加工技术和质量管理等。

1．原料要求

碣滩茶采摘期为春季。采摘鲜叶原料要保持芽叶完整、新鲜、匀净，不夹带鳞片、鱼叶、茶果与老枝叶。鲜叶原料要求见表5-5。

表5-5 鲜叶原料要求

鲜叶原料级别	含量（%）	适制产品级别
单芽	90	碣滩一号
一芽一叶	85	碣滩银毫
一芽二叶	80	碣滩翠峰

2．加工技术

碣滩一号、碣滩银毫加工流程：摊放→杀青→清风→初揉→初烘→摊凉→复揉→复烘→摊凉→整形提毫→摊凉→足干→摊凉→包装入库。

碥滩翠峰加工流程：摊放→杀青→清风→初揉→初烘→摊凉→复揉→复烘→摊凉→足干→摊凉→包装入库。

（1）碥滩一号

摊放：自然摊放厚度 1～2 厘米，中间适时翻动 2～3 次，摊放时间 6～8 小时；萎凋设备摊放厚度 1～2 厘米，间歇式鼓风 30～60 分钟，中间停 30 分钟左右，重复 2～3 次，摊放时间 4～5 小时。至鲜叶散失部分水分，清香呈现。

杀青：采用中小型杀青机进行杀青。投叶端温度 220～240℃时匀速投叶。时间 2～3 分钟，至叶色变深、发出清香、叶质柔软、折梗不断为宜。

清风：将杀青叶均匀摊于篾盘、竹篾或摊晾平台，进行吹凉。

初揉：根据鲜叶量选用 35 型或 40 型揉捻机，装叶量以自然装满揉桶为宜，时间 8～10 分钟，揉至茶叶成条率达 80% 以上。

初烘：采用五斗烘干机进行初烘，温度 100～120℃，摊叶厚度 2 厘米左右，时间 3～5 分钟，适时翻动 1～2 次，烘至手握茶坯成团、茶叶不粘手。

摊凉：将茶叶均匀摊于篾盘、竹篾或摊晾平台，吹凉。

复揉：揉捻设备同初揉，用力较初揉重，时间 10～15 分钟，至茶条紧结。

复烘：采用五斗烘干机进行复烘，温度 90℃左右，摊叶厚度 2～3 厘米，时间 3～5 分钟，适时翻动，烘至手握茶坯不成团、不刺手。摊凉后开始整形提毫。

整形提毫：采用五斗烘干机或电炒锅进行整形提毫，温度 80～90℃。所有电炒锅应多抛少闷，当手握茶坯感觉柔软时开始提毫，以搓揉为主，待白毫提出，手握茶坯有刺手感即可出锅摊凉。茶叶摊凉后开始下一道工序。

足干：采用五斗烘干机或提香机进行足干。五斗烘干机温度 65～75℃，提香机温度 85～90℃，时间 30～40 分钟，至手搓茶条成粉末时为宜。摊凉后包装入库。

（2）碥滩银毫

摊放：自然摊放厚度 2～3 厘米，萎凋设备摊放厚度 2～3 厘米，其余参数同碥滩一号。

杀青：方法同碥滩一号"杀青"。

清风：方法同碥滩一号"清风"。

初揉：根据鲜叶量选用 40 型或 45 型揉捻机，方法同碣滩一号"初揉"。

初烘：采用五斗烘干机或小型自动烘干机进行初烘，温度 110～120℃，摊叶厚度 1～2 厘米，时间 5～10 分钟，适时翻动 1～2 次，烘至手握茶坯成团不粘手为宜。茶坯摊凉后复揉。

复揉：方法同碣滩一号"复揉"。

复烘：采用五斗烘干机或小型自动烘干机进行复烘，温度 100℃左右，摊叶厚度 2～3 厘米，时间 10～15 分钟，适时翻动，烘至手握茶坯不成团、不粘手。茶坯摊凉后整形提毫。

整形提毫：方法同碣滩一号"整形提毫"。茶坯摊凉后进行足干。

足干：方法同碣滩一号"足干"。茶坯摊凉后包装入库。

（3）碣滩翠峰

摊放：方法同碣滩银毫"摊放"。

杀青：方法同碣滩一号"杀青"。

清风：方法同碣滩一号"清风"。

初揉：根据鲜叶量选用 45 型或 55 型揉捻机，装叶量以自然装满揉桶为宜，时间 10～12 分钟，至揉捻叶成条率达 80% 以上，茶叶初步成条为宜。

初烘：采用自动烘干机进行初烘，温度 110～120℃，摊叶厚度 1～2 厘米，烘至手握茶坯成团不粘手。摊凉后复揉。

复揉：与初揉方法相同，用力较初揉重，时间 12～15 分钟，至茶条紧结。

复烘：采用自动烘干机进行复烘，温度 90～100℃，摊叶厚度 1～2 厘米，烘至手握茶坯不成团、不粘手。摊凉后足干。

足干：采用自动烘干机进行足干，温度 110～120℃，时间 10～15 分钟，至手搓茶条成粉末时为宜。摊凉后包装入库。

图 5-10　碣滩茶杀青工序

图 5-11　碣滩一号足干工序

七

名茶文化

1. 茶俗

苗族煮茶。煮茶是怀化山区苗族群众最普遍的一种饮茶方式。过去，苗家不备热水瓶，客人来了或是自己要喝热茶，都是现煮现饮。将茶果和冷水同时放入鼎罐中，将鼎罐置于火塘的撑架上，然后在鼎罐下加柴生火，直到把鼎罐中的清水煮成金黄色的茶汤，一罐芳香扑鼻的好茶，就算煮成了。现在也有用茶叶作为原料煮茶的，方法是将茶叶放进茶壶，注入冷水，架在火塘撑架上煮开，然后倒入杯中，就成了一杯杯香茗。

白族三道茶。沅陵县白族主要分布在沅陵大合坪、七甲溪一带，是元代寸白军的后裔，保留有云南三道茶的习俗。一般由家中或族中长辈亲自司茶。现今，也有晚辈向长辈敬茶的。制作三道茶时，每道茶的制作方法和所用原料都是不一样的。

第一道茶，称"苦茶"，寓意做人的哲理——要立业，先要吃苦。制作时，先将水烧开，由司茶者将一只小砂罐置于文火上烘烤。待罐烤热后，取适量茶叶放入罐内，并不停地转动砂罐，使茶叶均匀受热，待罐内茶叶"啪啪"作响，叶色转黄，发出焦糖香时，立即注入开水。少顷，主人将沸腾的茶水倾入茶盅，再用双手举盅献给客人。由于这种茶经烘烤、煮沸而成，因此，看上去色如琥珀，闻起来焦香扑鼻，喝下去却滋味苦涩，故谓之"苦茶"。此道茶通常只有半杯，但必须一饮而尽。

第二道茶，称"甜茶"。当客人喝完第一道茶后，主人重新用小砂罐置茶、烤茶、煮茶，同时，在茶盅内放入少许红糖、乳扇、桂皮等，将煮好的茶汤倾入至八分满为止。这样沏成的茶，甜中带香，甚是好喝，它寓意"人生在世，做什么事，只有吃得了苦，才会有甜香来"。

第三道茶，称"回味茶"。煮茶方法与第二道茶相同，只是将茶盅里放的原料换成适量蜂蜜、少许炒花生、若干粒花椒、一撮核桃仁，茶容量通常为六七分满。饮第三道茶时，通常是晃动茶盅，使茶汤和佐料均匀混合，趁热饮下。这杯茶，喝起来甜、酸、苦、辣，各味俱全，回味无穷。它告诫人们，凡事要多回味，切记先苦后甜的哲理。

茶乡风俗。"开山茶"极为隆重，正规的程序是由茶庄尊者带领各茶园主上高华仙山，摆下"三茶六礼"，齐跪于香案前，在尊者带领下，各茶园主神色肃穆地诵念"开山词"。除"开山茶"外，婚丧仪式中有结婚"筛茶""分大小"，丧事祭祀"敬茶"、唱孝歌等茶乡风俗。

2. 传说故事

相传盛唐时期，唐睿宗李旦的西宫娘娘从故里沅陵胡家坪回京，泛舟沅水，夜泊碣滩，品尝到碣滩茶，顿觉香气馥郁，甘醇爽口，便择优带回长安。她回到长安时，文武百官和外藩使臣夹道欢迎。盛宴后，唐睿宗将这些茶叶分赐群臣，众大臣和外国使臣饮后无不交口称赞。从此，碣滩被辟为茶园，官府每年派人监制，岁岁朝贡。沅陵碣滩茶成为唐代朝廷贡茶，名扬天下，后又流传到日本、印度。

3. 文学作品

清代流传有茶诗《碣滩茶韵》，赞颂碣滩茶的优异品质：

> 形若碧云茸若霜，巧艺天工芽中藏。
> 清汤绿叶醉人眼，越夜长留唇齿香。

民国时期沅陵农村流行《敬碣滩茶歌》：

一杯茶，敬茶仙，再把茶种撒满山，

来年长出雀舌来，根扎土地嘴唱天；

二杯茶，敬祖先，香茶一杯庆丰年，

喝口清茶享清福，子孙后代都平安；

三杯茶，敬土地，不湿不水不燥干，

平地山坡茶叶绿，戴德感恩报万年。

石煌远《碣滩茶赋》开篇如此描写碣滩茶产地环境：

沅陵碣滩，泉清风舒，三伏亦无暑，三九如春初，四季吐绿，云蒸雾煮，山名美誉银壶。

蔡镇楚《碣滩茶赋》结尾如此赞美灵芽碣滩：

李唐一帝，中日二相，问贡茶何方？唯碣滩茶乡。时逢盛世，辰龙幸官庄；茶缘无射，功业继盛唐。美哉！文化沅陵兮，引丹凤而朝阳；妙哉！灵芽碣滩兮，祈奕世之辉煌。

张远文《碣滩茶赋》这样描写碣滩茶的采制：

沅陵碣滩，撷辰州月，掬沅水波，润生香莽，蓬勃其山，葳蕤于岸，喜星斗之微茫，沐日月以茁壮。及春，灵芽吐绿，雀舌点点，形若碧云，茸似烟霞，粲然物华之境，翠乎天宝之象。濯器惟净，素手摊放杀青；涤芽尚洁，莲心揉提烘焙。

4. 茶艺（解说词）

第一道：古洞藏书兮传文脉，惠泽天下兮话春秋（入场）。

有"黔滇门户""全楚咽喉"之称的沅陵，是"学富五车，书通二酉"的文化圣地，这里有"美得让人心痛"的胜景，酉水画廊、借母溪、夸父山……像一本厚重的线装书。

这片灵秀的土地孕育了"形美香高，名传中外"的碣滩茶。书传文明，茶礼天下，让我们借一盏碣滩茶，领略沅陵的山水之美、人文之韵。

第二道：移步入仙境，二酉喜迎宾（入座备具）。

二酉山，藏书功德，厚重千秋，山梁起伏，状如书页，又称万卷岩。酉水如碧，青山倒映，美如仙境。今以状如莲花的玻璃盖碗为主泡器，绿得清新，粉得优雅，喜迎四方宾客。

第三道：名泉沐杯盏，鹤舞书华彩（洁具）。

二酉山上有"发蒙、聪明、糊涂、妙华"四眼泉水，年少时喝发蒙泉，年轻时喝聪明泉，中年时喝糊涂泉，老年时喝妙华泉。今名泉佳茗相和，启悟人生真谛。

清清泉水，沐过杯盏，水汽袅袅，如仙鹤飞舞，勾画诗意怀化：藏书洞奇险静穆，龙兴讲寺古风韵长，凤凰山郁郁葱葱，芙蓉楼轩昂瑰丽，辰龙关峰峦挺秀，茶海如碧，彩蝶翩翩，"一个美得让人心痛"的仙境，流连在此，足可让人忘却尘世的喧嚣。

第四道：藏书薪火传，素手播灵芽（展茶）。

遥想当年，"鸟飞不渡""兽不敢临"的二酉山上，洞藏经典文献，为延续中华文明作出了卓越贡献，更为这方山水注入了人文底蕴。

沅陵产茶历史悠久，所产碣滩茶成就了一段中日友谊佳话。

今天，碣滩茶产品不断丰富，可满足人们对美好生活的需求。

碣滩绿茶紧细圆曲，匀净多毫，隐翠而又娇羞含情。

碣滩红茶条索紧卷，金毫显露，纤柔而又韵致风华。

第五道：清宫迎佳人，玉叶飘然至（投茶）。

素手纤纤，将茶投入杯中，娇嫩的茶芽飘然而落，那是茶女在山间欢笑？还是凤娇梦回故里？它们都化作了身姿绰约的仙子，飘然行走在如诗如画的山水间。

第六道：书香伴茶韵，人生乐无穷（润茶）。

将90℃左右的泉水注入杯中，轻摇杯盏，绿茶清香高长，红茶甜香沁人，茶香让人沉醉，书香开启智慧。

第七道：春华与秋实，诗意杯盏间（注水）。

以高冲的手法向杯中注水，嫩绿的茶芽舒展开来，暖了溪水，绿了柳芽，一切欣欣然，焕发了生机，迎来了满园春色（绿茶）。

当秋季来临，这里的山山水水披上了金色的衣裳（红茶），吟唱着丰收的赞歌：

烟花日暖犹含雨，鸥鹭春闲自满洲；

眼前佛国皆净土，碣滩佳茗蕴乾坤。

一绿一红将春秋芳华幻化在杯盏之间。

第八道：佳茗奉宾客，此中有真意（奉茶）。

碣滩绿茶汤色绿亮，滋味醇和鲜爽；碣滩红茶汤色红亮，滋味甜醇回甘。现将泡好的碣滩茶敬奉给在座的各位。

回望二酉山，山影朦胧，云烟轻拢，那悲怆勇伟的一"藏"，只为那一缕历经风雨、延续至今的文化血脉，中国人的文化乡愁里，有了一处可以回望的精神故乡。

这是一杯饱含深情厚谊的碣滩茶，它吸天地之灵气，聚日月之精华，承载着中华文明，散发着生命的馨香。

第九道：二酉续文明，茶礼天下客（谢茶）。

水上丹霞五强溪，灿烂未央话风流。

茶园叠翠云雾笼，丹青画处是怀化。

二酉藏书续文明，一杯茶礼天下客。

喜逢盛世国安泰，碣滩茶业谱新篇。

可礼敬宾客，更可寄寓乡愁，还可唤起文化自信。

祝各位常饮碣滩茶，乐享茶意美好生活！

5. 歌曲

《故乡的碣滩茶》由怀化市民间文艺家协会主席彭郁作词，著名作曲家、湖南音乐家张长松作曲，湖南省青年女高音歌唱家张芝明领衔首唱。歌词云：

故乡的碣滩茶，是一壶神奇的水墨画，美了沅水两岸，醉了苗家侗家。

故乡的碣滩茶，是一壶芬芳的水墨画，甜了辰州山寨，香了春秋冬夏。

……

图 5-12　碣滩茶冲泡

图 5-13　碣滩茶茶艺表演

八

品饮与健康

1. 冲泡方法

冲泡碣滩茶可以使用玻璃杯和盖碗，矿泉水或山泉水煮沸作为泡茶用水。

上投法：将 90℃ 左右的水倒入杯中，取 3 克茶放入杯中，3 分钟后品饮。

下投法：取 3 克茶放入杯中，将 85℃ 左右的水倒入杯中，2 分钟后品饮。

2. 保健价值

碣滩茶具有十分协调的酚氨比，富含表没食子儿茶素没食子酸酯（EGCG）、氨基酸、L-茶氨酸、咖啡碱、维生素 C；碣滩茶的微量元素组成比较特别，表现为高锌、高锰、低氟、低铝、富硒等特征。常饮碣滩茶于身体有益：

碣滩茶可有效抵御自由基对人体的侵蚀，增强皮肤细胞活力，可以抑制皮肤皱纹和色斑的产生，起到美容的作用；也可以抑制老年性荧光色素的形成，起到抗衰的功效。

碣滩茶中的儿茶素可以促进骨骼形成；还能有效抑制大脑中与噬菌斑形成关联的工作记忆丢失现象，有助于预防阿尔茨海默病。

碣滩茶可有效降低前列腺癌、肝癌、肺癌、肠癌及乳腺癌的发生概率。

碣滩茶可有效调节大脑神经系统，舒缓放松人的心情，防止焦虑情绪和抑郁症的发生。

碣滩茶可有效调节人体免疫机能，帮助人体抵御病毒的侵袭。

本章执笔 × 许爱国 丁芙蓉 黄飞 龚仕斌

石门银峰，产于石门县境内，干茶外形银毫满披，紧直似峰，因此得名。

石门银峰，品质优异，头泡清香，二泡味浓，三泡四泡，幽香犹存。

石门银峰，茶禅一味。石门夹山寺是茶禅文化发源地。宋政和元年（1111），圆悟克勤禅师出任石门夹山寺住持，悟出"茶禅一味"真谛，之后传入日本，发扬光大，夹山逐渐成为中日茶道源头。中国佛教协会前会长赵朴初，曾题"茶禅一味"墨宝赠夹山寺。

第六章

石门银峰

一

产销历史

石门产茶历史悠久，是中国炒青绿茶的发源地之一。

《荆州土地记》记载："武陵七县通出茶，最好。"

唐元和年间，刘禹锡被贬朗州（今常德）司马，多次到石门游山写诗，其中《西山兰若试茶歌》记载的"山僧后檐茶数丛，春来映竹抽新茸……斯须炒成满室香，便酌砌下金沙水"，为中国绿茶"炒青法"最早的记载。

唐代，石门县城溇水河南岸、十九峰山及夹山脚下二都八坪的牛抵山汉族茶农创制了"牛抵茶"。采用一芽一叶初展优质茶鲜叶为原料，经过摊青、杀青、初揉、炒坯、复揉、初干、摊凉和烘茶八道工序精制而成，其外形肥壮，带扁锋，利似牛角。

元明时期，每年清明前后，朝廷都派专员到"牛抵茶"产地监督采摘"牛抵茶"鲜叶，制成"牛抵茶"后全部运至京城。

清嘉庆《湖南通志》引《一统志》："石门牛抵山产茶，谓之牛抵茶。"

清光绪十三年（1887），粤商卢次伦来到石门，于光绪十五年在泥沙（今石门县壶瓶山镇）建"泰和合"茶号，生产、收购、加工"石门宜红"茶，区域覆盖湖南石门、桑植、慈利及湖北五峰、鹤峰、宜昌等地，产品出口东欧各国，年出口量超 200 吨，占当时全国茶叶出口量的一半以上。现"泰和合"茶号是中蒙俄"万里茶道"的重要文化遗产，为省级文物保护单位。

20 世纪 80 年代，石门县先后研制了"三人垭茶""太青秀峰""西山毛峰""泥沙银针""牛抵茶""东山秀峰""白云银毫"等名茶并投入市场，因质量优异而获得消费者的认可。

1991 年，湖南农学院朱先明教授领衔的研发团队与原石门县茶叶开发总公司合作，改进历史名茶"牛抵茶"的加工工艺，融入先进的加工技术，研制出现代名茶"石门银峰"。

二

产业发展现状

1. 概况

石门县有南北镇、东山峰管理区、壶瓶山镇、所街乡、雁池乡、罗坪乡、磨市镇、维新镇、三圣乡、太平镇、子良镇、白云镇、皂市镇等 13 个乡镇（区）及湖南省石门县白云山国有林场、石门县大同山国有林场 2 个林场主产茶叶。

2022 年年底，全县茶园面积 1.24 万公顷，2022 年茶叶总产量 3 万吨、茶产业综合产值 60 亿元。其中，"石门银峰"系列名优茶产量 5 500 吨，综合产值超过 35 亿元。

全县有初精制茶叶加工厂近 300 家，其中省级农业产业化龙头企业 3 家、市级农业产业化龙头企业 14 家。

1991 年，石门银峰被认定为全国首批"绿色食品茶"。

1998 年，石门县开始示范推广绿色防控和有机茶生产。

1999 年，湖南省石门县白云山茶业有限公司 80 公顷茶园通过 OFDC 有机茶认证，是湖南省首批通过有机茶认证的企业和基地，连续多年通过国际、国内有机认证。

2004 年，全县 6 667 公顷茶园获农业部无公害茶产地认定，5 家企业的产品获农业部无公害茶产品认证。

2010 年，石门县开始推广标准茶园建设，整体推进茶园病虫害的绿色防控和茶园绿色生产，积极推行茶园"双减"行动。全县茶叶 100% 达到绿色食品要求。其中，罗坪乡 2 333 公顷茶园，全部按照欧盟有机茶的要求进行管理，产品 100% 达到出口欧盟的要求，是全省有机茶生产和大面积标准茶园建设的先进典范。

2013 年，石门县成为全国绿色食品原料（茶叶）标准化生产基地县之一。同年年底，石门县被评为首批"国家级出口食品农产品（茶叶）质量安全示范区"之一。

2020 年，中国茶叶流通协会授予石门县"2020 年度茶叶生态建设十强县""2020 年度茶业百强县""十大精准脱贫先进县"等荣誉称号。

2022 年年底，湖南省石门县白云山茶业有限公司、湖南石门漤峰名茶有限公司、石门安溪茶业有限责任公司、石门添怡茶业有限公司、湖南壶瓶山茶业有限公司、湖南云中君茶业有限公司、石门县天画罗坪茶业有限责任公司、湖南楚韵茶业有限公司、石门县大同山国有林场、石门县栗子坪茶叶专业合作社、石门县中坪茶叶专业合作社、石门县阳合山茶叶专业合作社、石门县寨垭茶叶专业合作社、石门县茶祖印象茶业有限公司等 14 家单位、1 100 公顷茶园通过了国内或国际有机茶认证。2022 年，全县有机茶总产量 2 400 吨。

图 6-1　湖南省石门县白云山茶业有限公司石门银峰有机茶园一角

2. 品牌建设

1991—1993 年，石门银峰连续 3 年获湖南省名优茶评比总分第一名。

1996 年，石门银峰系列茶"东山秀峰"获首届亚太博览会金奖。

1998 年，石门县委、县政府成立石门县茶叶产业办公室，举全县之力，打造"石门银峰"公共名优茶品牌，推动石门县茶叶产业快速、健康发展。

1998 年，"石门银峰 2 号""石门银峰 1 号"分别获湖南省名优茶"金牌杯"评比金质奖和银质奖。

2000 年，石门县制定了湖南省第一个农产品地方标准《石门银峰茶综合标准》。

2002 年 4 月 8 日，中国茶叶流通协会、中国茶叶学会主办，湖南省茶业协会、湖南省茶叶学会、石门县人民政府共同承办了石门县第一届茶文化活动，宣传推介石门茶叶。此后，石门县每年举办一届以"请喝一碗石门茶"为主题的石门茶文化活动。

图 6-2 "石门银峰"地理标志证明商标

2005 年，石门银峰荣获"中茶杯"特等奖，与东山秀峰双双入选湖南十大名茶。

2007 年，石门县注册"石门银峰"地理标志证明商标（图 6-2），制定了《石门银峰行业公约》《石门银峰地理证明商标管理办法》《石门银峰商标使用管理办法》等，规范"石门银峰"公共品牌的管理和使用。

2010 年，石门县将《石门银峰茶综合标准》修改为 3 个湖南省地方标准（DB 43 / T 145—2010《石门银峰茶》、DB 43 / T 593—2010《石门银峰茶栽培技术规程》、DB 43 / T 594—2010《石门银峰茶加工技术规程》）；统一县域名优茶品牌，把"白云银毫""东山秀峰"等全部纳入石门银峰系列茶范畴；规范石门银峰全产业链，进一步提升石门银峰公共品牌的市场形象和竞争力。

2012 年，"石门银峰"商标被认定为"中国驰名商标"。

2015 年，石门银峰名茶获意大利米兰"百年世博中国名茶金奖"。

2021 年，在全国"百县百茶百人"茶产业助力脱贫攻坚、乡村振兴先进典型公益推选活动上，常德市石门县、"石门银峰"品牌、茶人丁芙蓉荣登全国"百县百茶百人"榜。

2022 年，经中国茶叶区域公共品牌价值评估，"石门银峰"品牌价值为 21.67 亿元。

3. 主要产销单位

截至 2023 年 3 月 31 日，有 37 家单位获得石门县茶叶产业协会授权使用"石门银峰"地理标志证明商标（表 6-1）。

表 6-1　获授权使用"石门银峰"地理标志证明商标的单位

单位名称	地址	级别
湖南壶瓶山茶业有限公司	易家渡镇	省级
湖南芙蓉园实业有限公司	永兴街道	省级
石门县天画罗坪茶业有限责任公司	罗坪乡	省级
石门县太青山茶叶专业合作社	子良镇	市级
湖南省石门县白云山茶业有限公司	白云镇	市级
石门安溪茶业有限责任公司	罗坪乡	市级
湖南云中君茶业有限公司	楚江街道	市级
湖南石门溇峰名茶有限公司	楚江街道	市级
湖南次伦一品茶业有限公司	楚江街道	市级
湖南雾泉碧茶业有限公司	子良镇	市级
石门县东山峰秀峰茶业有限公司	东山峰管理区	市级
湖南楚韵茶业有限公司	永兴街道	市级
湖南禅茶一味茶业有限公司	宝峰街道	市级
湖南天下康茶叶食品有限公司	子良镇	市级
石门仁禾茶业有限公司	东山峰管理区	市级

（续）

单位名称	地址	级别
湖南千年国饮茶业有限公司	雁池乡	市级
石门县茗峰茶业有限公司	罗坪乡	市级
湖南石门针尖王茶叶有限责任公司	楚江街道	—
石门县寨垭茶叶专业合作社	罗坪乡	—
湖南尔福茶业商贸有限公司	长沙市	—
石门县思源茶厂	所街乡	—
石门县泰和合茶叶专业合作社	楚江街道	—
石门县桩巴龙茶行	楚江街道	—
石门添怡茶业有限公司	楚江街道	—
石门雾里云天茶业中心	楚江街道	—
石门县冰峰茶业商行	楚江街道	—
石门绿清源名茶中心	楚江街道	—
石门县大同山国有林场	维新镇	—
石门县上马蹬茶叶专业合作社	太平镇	—
石门县达兰茶业有限公司	长沙市	—
石门县东山峰云雾茶厂	东山峰管理区	—
石门县茶祖印象茶业有限公司	永兴街道	—
湖南石门薛家共富有机茶业有限公司	南北镇	—
石门溢春铭进出口贸易有限公司	蒙泉镇	—
石门潇湘宜红茶文化传播有限公司	壶瓶山镇	—
石门县德福生态茶业专业合作社	磨市镇	—
石门县马尾松茶叶专业合作社	壶瓶山镇	—

资料来源：石门县茶叶产业协会。

授权生产经营的企业中，有 3 家省级农业产业化龙头企业。

湖南壶瓶山茶业有限公司由湖南湘丰集团（控股），与原湖南壶瓶山茶叶公司合股组建，集茶叶种植、加工、销售于一体，主产红茶、绿茶、黑茶。公司在湖南壶瓶山国家级自然保护区境内，拥有 800 公顷有机茶园基地；有壶瓶山镇李坪村、长岭村，雁池乡李家峪村 3 个茶叶初制加工厂；在南北镇薛家村的共富有机茶加工厂占股 30%；在易家渡镇有一精制茶厂，年生产能力 7 500 吨。

湖南芙蓉园实业有限公司主营"芙蓉园"牌石门银峰系列名优茶（"贡芽""春芽"等），拥有 5 000 吨红茯茶精制生产线，年产红茯茶 5 000 吨，年出口红茶、绿茶 3 000 吨。

石门县天画罗坪茶业有限责任公司是湖南省茶业集团股份有限公司参股企业，集茶叶生产、加工、销售于一体，拥有 333.33 公顷高标准茶园基地和绿茶、红茶、珠茶初精制连续加工生产线，2 个石门银峰系列名优茶专卖店。公司 133.33 公顷茶园通过欧盟有机认证，固定资产总投资 3 000 万元。

4. 销售市场

20 世纪 90 年代，石门银峰主要在本县和常德市场销售，后来逐渐走出大山，走进省内外市场，畅销湖南、湖北、江西、广东、广西、浙江、江苏、北京、上海、江苏、陕西、山东等地。

石门银峰系列茶以中俄蒙"万里茶道"申报世界遗产为契机，以一年一度的"请喝一碗石门茶"茶文化活动为载体，以中非经济贸易博览会永久落户长沙为"窗口"，逐步走向欧盟、非洲、东南亚、俄罗斯、蒙古国、美国、中国香港等 19 个国家和地区。

品质特色

　　石门银峰名优茶分为特级、一级、二级三个等级，其感官品质及理化指标见表6-2和表6-3。

表6-2　石门银峰感官品质

级别	外形	内质			
		香气	滋味	汤色	叶底
特级	芽头匀净，白毫满披，色泽翠绿	高长持久	鲜爽、回味甘甜	绿亮	芽头粗壮，嫩绿、鲜活、匀齐
一级	条索紧细，挺直匀净，白毫显露，色泽翠绿	高长持久	醇爽、回味甘甜	绿亮	嫩绿、鲜活、匀齐
二级	条索紧直，有白毫，较匀整，色泽翠绿	清香纯正	鲜爽、醇和	黄绿明亮	嫩绿、鲜活、较匀

表6-3　石门银峰理化指标　　　　　　单位：%

项目		级别		
		特级	一级	二级
水分	≤	6.0	6.0	6.0
碎末茶	≤	4.0	5.0	6.0
总灰分	≤	6.0	6.5	7.0
粗纤维	≤	8.0	10.0	12.0

项目		级别		
		特级	一级	二级
水浸出物	≥	36.0	34.0	32.0
茶多酚	≥	18.0	18.0	18.0
氨基酸	≥	3.0	2.5	2.0

图 6-3　石门银峰开汤样

图 6-4　石门银峰成品样

图 6-5　石门银峰鲜叶样

四

产地生态环境

1. 产区地理分布

石门县地处湘西北边陲，位于东经 110°29′04″ ～ 110°32′30″，北纬 29°16′06″ ～ 30°08′49″，总面积 3 937 平方千米，辖 19 个乡（镇）、区和 4 个街道。南与美丽的桃花源接壤，西与国家森林公园张家界相依，东南有八百里洞庭湖湖水的润泽，北与鄂西五峰、鹤峰相邻，南有千年古刹、明代闯王李自成出家归宿地——石门夹山寺。境内有 1 000 多座山峰，层峦叠嶂，纵横交错。湖南四大名水之一的澧水从东到西横穿县城，渫水从北到南穿越县域全境。

石门银峰原产于县境原水南渡乡李马坪村（现所街乡水南渡村），现核心产区逐步扩大到海拔 300 ～ 1 200 米的"湖南屋脊"壶瓶山国家级自然保护区周边区域，包括南北镇、壶瓶山镇、所街乡、雁池乡、罗坪乡、磨市镇、维新镇、三圣乡、太平镇、子良镇、白云镇、皂市镇、东山峰管理区等 13 个乡镇（区）及湖南省石门县白云山国有林场、石门县大同山国有林场 2 个国有林场，共 109 个产茶村。石门银峰产区分布见图 6-6。

2. 产地气候特点

石门县是湘西北门户，地形呈弯把葫芦状，地势自西北向东南倾斜，西北部群山叠翠，东南部平岗交错，全县平均海拔 500 米左右，有河流沟溪 236 条。石门银峰核心产区气候温暖湿润，年平均气温 16.7℃，最冷的一月平均气温 5℃，最热的七月平均气温 28.6℃，全年无霜期 282 天，全年日照时数 1 646.9 小时，年平均降水量 1 540 毫米。

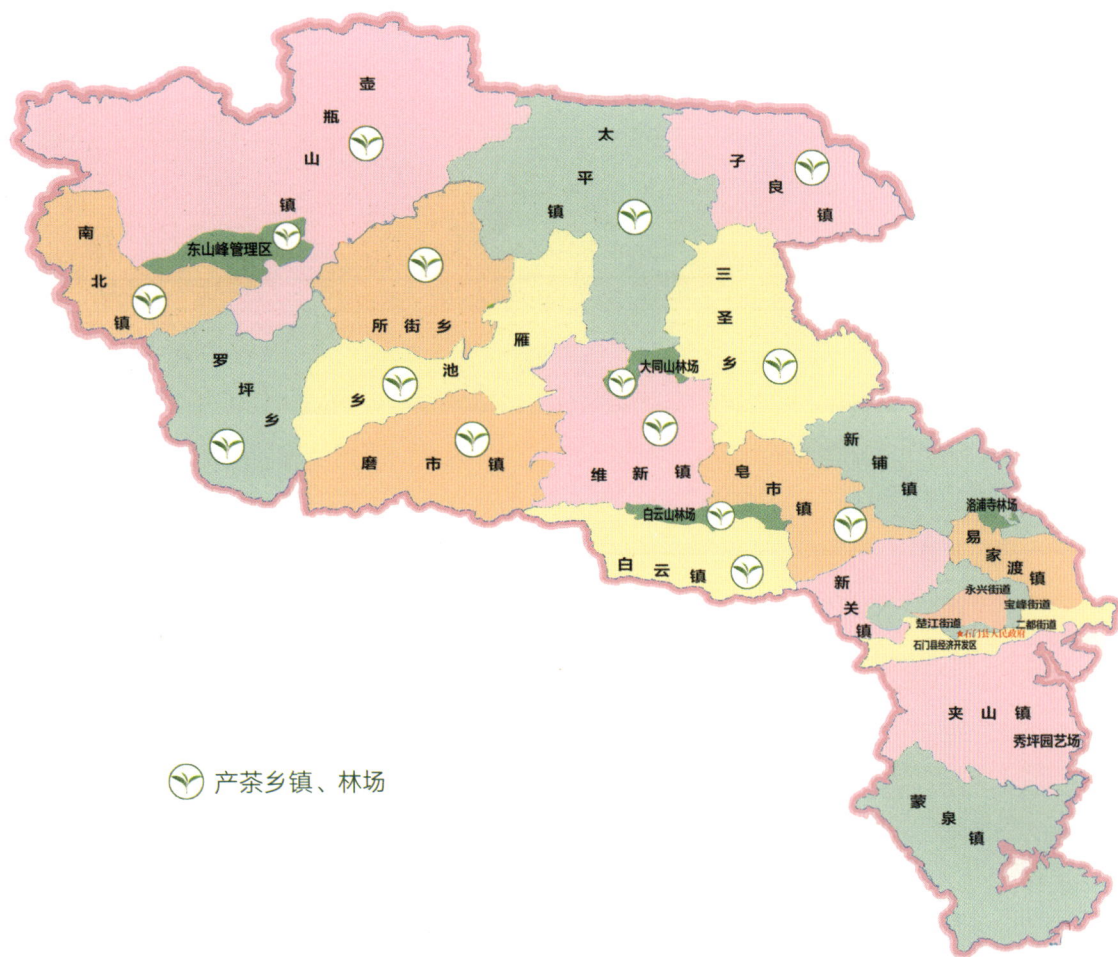

图 6-6　石门银峰产区分布

图 6-7　石门县雁池乡韦家湾村茶园

3. 产地土壤与生物多样性

石门银峰产地土壤主要为红、黄壤，成土母质为板页岩、泥岩、砂岩类、碱性泥岩等残积物，pH 4.7～6.1，有机质含量 12～38 克/千克，有效磷 7～69 毫克/千克，速效钾 65～130 毫克/千克。土质疏松，土层深厚，土壤肥沃，富含硒、锌、磷、铁等多种微量元素，有机质含量高，保水保肥能力强。

石门县自然生态体系保存完整，生态环境优良，森林覆盖率达 78%，属国家级生态示范区。茶园基地海拔 300～1 000 米，茶中有林，林中有茶，林茶相间，常年云雾缭绕，漫射光照射，昼夜温差大，茶鲜叶积累了丰富的营养物质。

五

鲜叶生产

1. 茶树品种

2003 年前，石门银峰名茶加工用的主要茶树品种为本地群体种、安化群体种及种子繁殖的福鼎大白茶。

2003 年，石门引进栽植无性系白毫早、碧香早、楮叶齐、福鼎大白、福鼎大毫、玉绿、玉笋、迎霜、安吉白茶、黄金芽、黄金茶、金萱等无性系茶树品种，之后用不同品种的鲜叶制作石门银峰名茶，经过感官审评、理化指标分析，确定适制石门银峰的品种主要有碧香早、楮叶齐、黄金茶、福鼎大白等。

2. 茶园培管技术

石门银峰名优茶园培管，执行湖南省地方标准 DB43/T 593—2010《石门银峰茶栽培技术规程》。

石门银峰名优茶茶园推行立体采摘。春季实施强采；5 月底至 6 月初，开沟埋施菜籽饼等有机肥；6 月底前，剪去茶树离地 40 厘米左右的全部枝条，平铺地面；夏秋季停止采摘，任其自然生长；秋季打顶，捡拾地面枝条，开展秋冬培管；来年春季继续强采。

石门县茶园全面推行茶园病虫害绿色防控技术。以保护生态环境、增加生物多样性、增强茶园自我调控能力为前提，以悬挂太阳能杀虫灯、诱蛾色板、性信息素诱捕器等措施为主导，以施用生物农药、矿物农药防治为补充，综合防治茶园病虫害。

六

加工技术

1. 原料要求

石门银峰名优茶鲜叶采摘，按成品茶质量要求，分为单个芽头、一芽一叶初展、一芽一叶开展至一芽二叶初展三个级别。

图 6-8　湖南省石门县白云山茶业有限公司茶园采茶景象

人工手采，不采雨水叶、不采露水叶、不采紫色芽叶、不采瘦弱和病虫芽叶，不带鱼叶、不带鳞片、不带蒂梗和非茶类夹杂物，严格做到"嫩、匀、净、齐、鲜"。

2. 加工技术

分为纯手工加工、机械与手工相结合加工两种方法。

（1）纯手工加工

工艺流程：杀青→清风→揉捻→炒坯→紧条→理条→提毫→摊凉→烘焙。

杀青：用直径55厘米的平锅手工杀青。杀青前用砂岩磨锅清污，然后生火打茶蜡，擦亮锅面，将锅温升至120℃左右。取鲜叶0.4千克投入锅中，双手迅速翻炒，先闷后抖。当茶叶均匀受热后，改为抖炒，边闷边抖，待芽叶柔软，失去光泽，并发出清香，立即出锅。时间约需3分钟，锅温采取先高后低的原则。

清风：将出锅的杀青叶散置于竹垫或篾盘中，用家用电风扇吹冷，使水蒸气及时散发，叶温迅速下降，然后均匀摊开。

揉捻：双手抓茶在篾盘内来回推揉，来轻去重，反复揉捻，揉捻用力采取"轻—重—轻"的方式，时间1～2分钟。

炒坯：锅温要求在85℃左右，将摊凉茶坯投入锅中，手势基本与杀青相同，但动作要轻、慢，当茶坯含水量在40%左右（手捏茶坯不成团）时，出锅降温。

紧条：锅温要求在60℃左右，把茶坯投入锅内，继续翻炒，当茶坯含水量在30%左右、茶条打在锅中有轻微响声时，右手抓起茶条，左手平摊，向单一方向搓揉，先轻后重，边紧边抖散茶条，时间5分钟左右。

理条：锅温控制在50℃左右，右手抓茶，向前方理直，动作要轻，次数要适当，待茶条达八成干、白毫隐现时，转入下道工序。

提毫：锅温升至70～80℃，把茶条理直理齐，手指间落下，注意茶条不与手摩擦，时间1分钟左右，待白毫大量显露时，立即出锅。

摊凉：将茶坯摊在竹垫上或篾盘内，厚度不超过3厘米，使水分均匀分布，茶坯充分冷却，时间 30 分钟左右。

烘焙：把冷却后的茶条轻撒在白棉布上，烘焙用的木炭应先燃烧完全，去除异味、烟味，烘焙温度控制在 60℃ 左右。中间翻动 2～3 次，当手指捏茶条即成粉末、茶条水分含量 6% 以下时下焙。

(2) 机械与手工相结合加工

工艺流程：杀青→揉捻→初烘→复揉→理条→整形提毫→摊凉→烘焙。

杀青：选用 30 型、40 型、50 型或 60 型滚筒杀青机。以筒内离投叶口 20 厘米处的中间空气温度 130℃ 左右为宜。杀青时间 1 分 20 秒至 1 分 30 秒。以鲜叶失水 30% 左右、青草气消失、手握茶叶成团、松手即散、梗折弯曲不断为适度。

揉捻：选用 30 型、40 型或 50 型微型揉茶机，轻揉。芽头揉捻时间 3～5 分钟，一芽一叶初展揉捻时间 8～12 分钟，一芽一叶开展至一芽二叶初展揉捻时间 12～15 分钟。成条率达 80% 左右时下机，抖散。

初烘：采用微型自动烘干机初烘茶坯，温度 130℃ 左右，当茶条水分含量 30% 左右时下机，摊凉。

复揉：用 30 型或 40 型微型揉茶机进行复揉，时间 3～5 分钟。

理条：用理条机理条，时间 8～10 分钟，当条索圆、紧、直时，下机并摊凉。

整形提毫：在整形平台上手工整形，温度控制在 80℃ 左右，方法与纯手工加工提毫相同，当白毫大量显露时，将茶坯迅速扫出平台。

摊凉：同手工制作摊凉。

烘焙：将茶坯均匀地撒在整形平台或微型全自动烘干机上，温度控制在 70℃ 左右，待茶条达足干即手捏茶条成粉末、含水量 6% 以下时下机，摊凉后再密封保存。

七

名茶文化

1. 茶禅文化

"茶禅一味夹山寺，茶道源头碧岩录。"此联为中国佛学界泰斗吴立民为夹山所题之词。

图6-9　石门县夹山管理处"茶禅一味"石碑

唐咸通十一年（870），高僧善会祖师来到石门夹山寺，首倡"猿抱子归青嶂岭（一作"里"），鸟衔花落碧岩泉（一作"前"）"的"茶禅境地"。

北宋政和年间，圆悟禅师主持灵泉禅院，编著了十卷《佛果圆悟禅师碧岩录》，圆悟禅师以其独特传法，形成该寺特有的碧岩禅风，并逐渐流传至日本和朝鲜。《佛果圆悟禅师碧岩录》成了中国禅学临济宗经典，被誉为"宗门第一书"。圆悟禅师在此期间潜心研习茶道与禅宗的关系，找到了二者思想内涵越来越多的共通之处，终于悟出"茶禅一味"的真谛。当时日本高僧荣西（日本茶道的鼻祖）的弟子村田珠光学成回国，他将圆悟禅师手书"茶禅一味"带回日本后挂于茶室，开创了日本茶室悬挂墨宝的传统，此墨迹成了日本茶道界的稀世珍宝（至今仍珍藏在日本奈良大德寺）。

1983 年，日本驹泽大学佛教史迹访华团来到夹山寺，题写了"山河跋涉好姻缘，灵纵今观夹山寺"。

1992 年 3 月，日本茶道专家多田侑史率团 30 人来到夹山寺，掬起一捧碧岩泉水一饮而尽，情不自禁地说："今生可以瞑目也！"

2. 文艺作品

全国著名书画家史穆在品尝石门银峰后，即兴挥毫，撰写藏头诗一首：

石鼎烹泉活，门庭散倚霞，
银针初苗蕊，峰翠育新芽。

张天夫《品茗赋》赞颂名茶产地：

天下好茶，多出江南，武陵尤为盛焉。夹山禅茶，西坡牛抵，百年宜红，一代银峰，占尽荆楚名山。风传唐宋，道启扶桑，远追千古重洋。东风绘沅澧五色，清明拥壶瓶吐翠。北散洞庭烟霞，南接潇湘夜雨。天下未芳，武陵先有茶香矣。

2003 年，蔡镇楚参加石门茶禅文化论坛时创作了《行香子·题中国茶禅之乡》，表达在茶禅之乡品茗的感受：

……一帘清梦，一杯茗津。喜城阁、境地茶新。灵芽云雾。冠绝佳珍。有菜花黄、梨花白，茶禅论。

2005 年，湖南石门茶文化活动中演唱了"挑担茶叶上北京"主题歌《请喝一碗石门茶》，由张天夫作词、王林谱曲，歌词云：

送走长河月，挽住五岭霞，品尽世上千般味，最美不过石门茶。茶香伴你望明月，茶香随你忆天涯。人生千回梦，好梦不如茶。美丽人生茶中有，请喝一碗石门茶……

2005年，在将石门银峰献给国旗护卫队现场，石门本地歌手郑玉姣演唱了《请喝一碗石门茶》。

3. 茶艺（解说词）

瑞日照武陵，仁风润嘉木，石门茶乡，得天地灵秀，育人间佳茗，千年牛抵，百年宜红，一代银峰……香飘五湖，味播四海，尽显盛世风流。遥想善会当年，揽夹山青翠，听碧岩潺潺，观花开花落，心融物我，感天人合一之境界，悟茶禅一味之妙机，引人神往无限。

茶香缕缕，经年不断，今有才子佳人，聚潇湘胜地，且邀清友烹泉试茶，顾步迁移，素手播芳，乃传石门银峰之美，意与真饮者追茶禅之妙，修"天地人和"之道。

第一道：佳茗妙器配山泉。

佳茗、妙器、净水、精艺，四者相和，才能沏出最为甘美的茶味，泡茶之前，净手清神，以契合茶之洁雅品性。今天选用"三才杯"来冲泡，三才之名蕴含着"天地人和"的哲理，白瓷杯是有"东方明珠"之称的醴陵瓷器，洁白如玉，典雅别致；玻璃杯清澈透明，有利于欣赏茶汤的色泽及茶叶舒展的优美姿态，瓷器与玻璃器具的搭配，能较全面体现石门银峰的色、香、味、形之美。

水是茶的灵魂、茶的知己，今选用清、轻、甘、冽的山泉，以充分发挥茶的甘香。沏茶之前，洁杯净具，一来表达对客人的敬重，二为提高杯温以使茶性更好发挥，三来营造一个清、洁、静的氛围。品茶需要一份纯真，一份宁静，一份从容，一份淡泊。此刻，杯具洁净，雅乐飘飘，让我们暂且抛开尘俗杂念的困扰，怀着闲看水天一色的情怀，来领略茶中所蕴涵的和美情韵。

第二道：鸟衔花落生禅意。

为使茶味浓淡适中，一般以茶水比1：50为宜。今天为大家冲泡的茶是特级石门银峰。

用茶匙轻轻拨茶入杯中时，玉杯纤尘不染，翠如碧峰的茶芽飘然而落，正是夹山"猿抱子归青嶂岭，鸟衔花落碧岩泉"之"茶禅境地"！

第三道：香芽嫩茶迎宾客。

石门银峰产自石门县西北武陵山脉的云雾山中，吸天地之精气，纳日月之光华，采雨露之空灵，蕴翡翠之秀色，成就了超然卓越的品质：她恰似一位幽居山谷的佳人，踩着春的韵律，穿过空蒙山色，跋山涉水而来。其外形紧圆挺直，银毫满披，和着杯中热气，茶香扑鼻而来，带着山野的芬芳，沁人心脾；而那碧玉之色诉说着春的消息，那紧结细嫩、银毫满披的芽叶谱写了石门茶人的深情厚谊。

第四道：春色美景入杯中。

向杯中注入少许85℃左右的泉水，使茶芽初步舒展，玉杯轻摇，甘露润茗，纤手播芳，馨香满怀。继而向杯中注水至七分满，水顺杯壁缓缓注入，温柔精心地呵护细嫩茶芽，杯中之茶舞动，优雅而又从容，在起伏动荡中散发着独特的芬芳，水则渐渐由苍白单调变成了绿意

图 6-10　石门银峰茶艺表演

盎然，似壶瓶的春瀑，又似洞庭的绿水，此景此情，如诗、似画，勾勒出一幅春满人间的山水画。

第五道：银峰茶韵添诗意。

以茶待客，礼为先。现将冲泡好的茶敬奉给各位嘉宾，石门银峰头泡香高，二泡味浓，三泡四泡，回味犹存，美名远扬。今借这一杯清茶，表达纯朴的情意，致以真诚的祝福。愿石门银峰能成为您一生的至爱，为您的生活增添诗情画意！

第六道：闻香品味悟茶道。

您看，杯中茶芽尽展，汤明色绿，香气馥郁，高长持久。轻饮一口，含英咀华，太和之气，弥留齿颊。微苦而后甘的滋味令人深省：人生如茶，淡而有味；人生如茶，苦后回甘！

这恬淡气清的佳茗呀，怎能不叫人心痴神迷？我若能化你为光，希望将永驻人间；我若能采你为风，幸福将开遍大地；我若能挹你为露，安康将流连四方。

奇山丽水钟灵秀，石门银峰谱新歌，鲜香甘滑杯中露，天地人和茶中境！

八

品饮与健康

1. 品饮方法

饮茶前，先闻干香，再观干茶的外形、条索、色泽。器皿采用玻璃杯或白瓷杯，将洁净优质的矿泉水，煮至初沸。品饮方法有两种。

一是上投法，先将沸水倒入杯中并冷却（85℃左右），再取茶3克投入杯中，2分钟后取茶汤品饮。

二是下投法，即先将3克茶置入杯中，后冲入沸水，2～3分钟后直接品饮。

2. 保健价值

石门银峰名优茶，产于海拔300～1 200米的云雾山中，内含物丰富，特别是富含茶多酚、儿茶素、叶绿素、咖啡碱、氨基酸、维生素等多种营养成分。其中，EGCG含量高达8.221%，可抗癌、抗氧化、抗衰老、降血压、降血糖、降胆固醇和血脂，有抑菌、消炎、减肥等保健功效。

本章执笔 × 尹幸芳

　　南岳素有"五岳独秀"之美誉，既是国家AAAAA级旅游示范区，又是国家级自然保护区，其位于茶叶生产"黄金纬度带"，是天下五岳唯一的产茶福地。南岳衡山以云称奇，以雾见秀，年平均雾日达288天，周边气候温和湿润。

　　岳因茶秀，茶以岳名。南岳云雾茶产自海拔500～1 000米的山地，因常年受云雾滋养而得名，名茶品质优异，素以"色绿、香高、味爽、形秀"著称。

第七章

南岳云雾

一

产销历史

自"神农尝百草，一日遇七十毒，得荼而解之"后，南岳就有了茶的历史。南岳云雾茶在历代文献中多有记载。如唐代陆羽《茶经》、裴汶《茶述》、李肇《唐国史补》、杨晔《膳夫经手录》，五代毛文锡撰《茶谱》，明代黄正一编《事物绀珠》、周高起撰《洞山岕茶系》，清代陈眉公编《致富奇书广集》、黄本骥编《湖南方物志》等，都有关于南岳云雾茶的记载。

西晋杜育《荈赋》中"灵山惟岳，奇产所钟"，吟咏的是南岳衡山之茶。所述"弥谷被岗"的茶树，"承丰壤之滋润，受甘霖之霄降"，正合衡阳的地理气候特点。

茶圣陆羽多次写到衡州茶。"（衡州茶）生衡山、茶陵二县山谷。""《茶陵图经》云：'茶陵者，所谓陵谷生茶茗焉。'""盛唐县生霍山者，与衡山同也。""钱塘生天竺、灵隐二寺，睦州生桐庐县山谷，歙州生婺源山谷，与衡州同。"

在《唐国史补》中，衡山茶也登上了"名茶排行榜"："风俗贵茶，茶之名品益众。剑南有蒙顶石花……湖南有衡山，岳州有灉湖之含膏。"

晚唐裴汶所撰《茶述》载："今宇内为土贡实众，而顾渚、蕲阳、蒙山为上，其次则寿阳、义兴、碧涧、灉湖、衡山。最下有鄱阳、浮梁。"说明衡山茶在唐代已进入贡茶之列。

据唐末《南岳小录》及南宋初年的《南岳总胜集》记载：唐开元年间，南岳九真观道士王仙峤（或写为"乔"）带着南岳茶叶来到京城，在城门内施茶。有一天，被宦官高力士遇见，高力士感到好生特别，问他从何而来。他说从南岳而来，为了到京城募化施主，筹措资金回去修复颓毁的道观。高力士被他的言辞打动，就带他去见了唐玄宗。好道术的唐玄宗欣赏他的清秀脱俗，就问他："你有什么心愿吗？"王仙峤回答说："愿郁郁家国盛，济济经道兴。"皇上听了这话非常高兴，就赏给他大量金银财宝，让他回南岳大修殿宇。后来王仙峤被封为天师。

图 7-1　南岳衡山祝融峰

　　唐宋时期的衡阳茶，外形以团饼为主。团饼茶，亦称团茶、饼茶、片茶，是将鲜叶蒸青、捣碎、压模、烘干而成。五代毛文锡《茶谱》载："衡州之衡山，封州之西乡，茶研膏为之，皆片团如月。"宋释惠洪作《将登南岳绝顶而志上人以小团斗夸见遗作诗谢之》，称之为"小月团"。为了便于携带和贸易，团饼茶要在中间打孔，用竹丝或绳线穿成串。唐《南岳小录》载："（王仙峤）因将岳中茶二百余串，直入京国。"

　　唐《膳夫经手录》记载了衡山团饼茶的产量："衡州衡山，团饼而巨串（当时一串有 40 千克），岁取十万。"

　　南宋时，衡山散茶产量也较多。南宋李心传《建炎以来朝野杂记》载："江茶在东南草茶内，最为上品，岁产一百四十六万斤……潭州一百三万斤。"草茶即散茶。潭州是产茶大州，衡山作为潭州的茶叶主产区，散茶产量当在数十万千克以上。

据郝玉麟、鲁曾煜《广东通志·卷四十四·人物志》（上海人民出版社 1999 年版）载：南宋马晞骥任衡山知县时，"先是民山产茶，已没于豪，晞骥还之民，巧赂莫能夺"。

明洪武二十四年（1391），诏令罢造团茶。此后衡山茶随之改制芽茶作为贡茶。

明代王夫之《莲峰志》记载：南岳"沿山皆茶，冬雪初雾，吐白花满川谷，异香拂人，寒蝶冻余，迎距宛转春日，雨晴采芽明焙，以峰泉试之，浮乳甘香，不在徽歙下矣。"王夫之还撰有《南岳摘茶词》十首。

清代江昱《潇湘听雨录》载："湘中产茶，不一其地……佳者有衡山之闉林，盖极高岩磴所产，日色不到之处，往遭捷健樵者，俗号山猴，缘木杪采之，故谓之闉林，土人极贵重，然终不脱湘潭之味。近有效江浙焙制者，居然名品。"

清乾隆《南岳志》记载："岳顶茶特丰，谷雨前焙之，煮以峰泉，甘香不减顾渚。"可能就是这种闉林茶。

清代的《南岳志》《常宁县志》《清泉县志》，当代的《中国名茶志》《中国茶经》《中国名茶图》等著作和全国高等院校茶叶教科书，对"南岳云雾"茶均有记载。旧时称"炒青""岳茶"，现称"南岳云雾"茶，以名优绿茶为主。

清顺治七年（1650），南岳高道李皓白的《南岳古九仙观九仙传》扉页上，刊载了最早的茶叶广告《雨前岳茗》。

新中国成立后，"南岳云雾"茶出现两个黄金发展时期：一是 20 世纪 70 年代前后，二是 2010 年至今。1965 年 5 月，时任国务院副总理、中共中央中南局第一书记陶铸来南岳视察工作，提出"名山要有名品，名山必有名茶"，开发南岳山，创办符合"规格化、规划化、园林化"要求的南岳茶场。同年 6 月，南岳茶场动工；1969 年 11 月，湖南省五七干校在华盖峰创办茶场。1977 年，衡阳市境内种茶面积 13 440 公顷，创历史最高纪录，投产面积 6 400 公顷，共建茶场 1 497 个。

历代名茶主要有 6 种：石廪茶、方及茶、毗卢茶、闉林茶、雨前岳茗、岳山茶。

石廪茶。古代衡岳有"石廪茶"，缘于唐代李群玉的《龙山人惠石廪方及团茶》。石廪峰为衡岳五峰之一，位于南岳衡山自然山体的中段，南连北递，东西延伸。石廪峰一带自古为宜茶之地。东北侧的玉清宫是古代南岳道观，建筑群规模庞大，今存遗址。

方及茶。方及为南岳僧人，俗籍江西九江，自幼出家庐山东林寺，跟师法照习净土宗，后来南岳习佛，并成为制茶高手。李群玉《龙山人惠石廪方及团茶》写的就是他制作的团茶。据邓裕浩先生考证，方及是中国茶叶史上第一位炒青茶的制茶人。

毗卢茶。位于禹王城广济寺旁的毗卢茶园，是南岳最古老的茶园之一。因广济寺供毗卢遮那佛，故禹王城又名毗卢洞。广济寺一带的云雾茶品质优异，名毗卢茶。

广济寺周围三面高峰，一年有 200 多天都是云雾缭绕。这里产的茶叶又尖又长，好像枪尖。泡到碗里尖子朝上，两片叶瓣斜展如翼，顷刻间，浓郁的芳香四溢，沁人心脾。

阛林茶。《茶经》讲到茶树生活的土壤时说："上者生烂石。"古代衡山地区就有一种生于岩隙中的稀有名茶，叫阛林茶。清代刘献廷的《广阳杂记》如此记载："衡山水月林主僧静音，馈余阛林茶一包，蕨菜一瓶。阛，则安切。音鑽。平声。衡人俗字也。此茶出石罅中，乃鸟衔茶子堕罅中而生者。极不易得，衡岳之上品也，最能消胀。"

在这里，刘献廷为我们记录了一段历史：衡山水月林的住持静音法师送了作者一包茶叶，名叫阛林茶。这是产于衡岳的极为珍贵的一种茶。因鸟衔着的茶籽无意间掉落而生，近于仙物，"极不易得"。而且此茶有药用功能，可以助消化，去胀气。

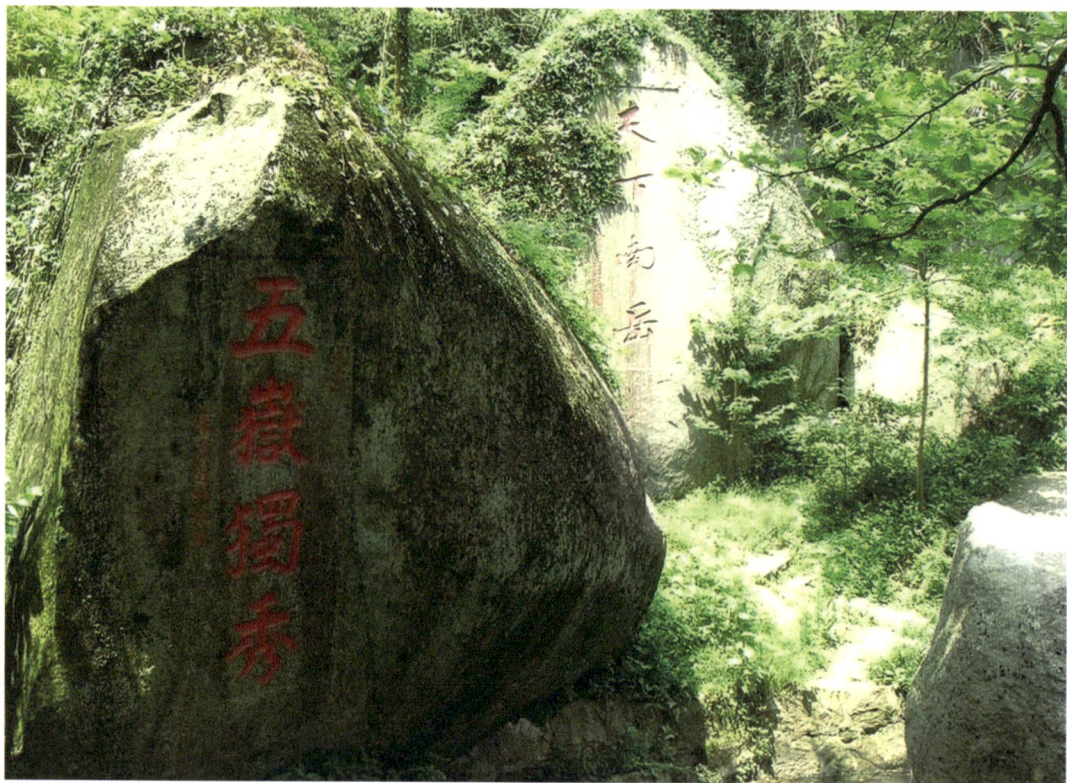

图 7-2 "五岳独秀"碑刻

雨前岳茗。南岳的高海拔地带，由于春季气温回升慢，茶芽萌发比山下晚，故雨前茶即是最早的春茶，极为难得。王夫之的《衡岳摘茶词》："昨日刚传过谷雨，紫茸的的赛春肥。"清《南岳志》："岳顶茶特丰，谷雨前焙之，煮以峰泉，甘香不减顾渚。"都记录了南岳雨前茶的优异品质。清刻本《南岳古九仙观九仙传》上，辟有《雨前岳茗》专页，由高道李皓白亲自撰写"广告语"，鼎力推介南岳的雨前茶："寿岳之茗，祝融称善。云雾作幕，烟霞为幔。得灵气之氤氲，借至人之手段。澄心不待七碗，战退睡魔百万。"

岳山茶。中国五岳，唯南岳盛产茶叶。自古以来"岳山茶"就是衡山精品茶的专有品牌。在衡阳茶中，"岳山茶"是区别于一般毛茶的高山茶特制品。1935年《湖南茶产概况调查报告书》称："岳山茶携为圩场零售，数量不多，人争购之，远来游人尤视为珍品，供不应求。"1946年湖南省建设厅《湖南经济》载："衡山境内岗岳重叠，很少平原，高山浓雾，为茶产最优良环境，产量非常丰富。"

二

产业发展现状

1. 概况

2022 年，衡阳市茶园面积 11 710 公顷，主产地为常宁、南岳、衡山和耒阳，衡南、衡东、衡阳、祁东等县均产茶。茶叶生产加工龙头企业 49 家，其中市级及以上农业产业化龙头企业 31 家（其中省级 10 家），茶叶专业合作社 72 家（表 7-1）；南岳区、衡山县、常宁市被列入湖南省优势区域建设重点县，南岳区、衡山县茶叶产业被列入湖南省"一县一特"主导特色产业发展指导目录。常宁市荣获"2016 年度全国重点产茶县"称号，被中国茶叶流通协会命名为"中国生态有机茶之乡"。2018 年，南岳区、常宁市获评 2018 湖南茶叶"千亿产业十强县"称号。2021 年，常宁市获评湖南茶叶乡村振兴"十大重点县（市）"。2022 年，常宁市、南岳区获评湖南茶叶乡村振兴"十大茶旅融合示范县（市、区）"。

表 7-1　南岳云雾主要茶叶企业一览表

单位名称	地址	级别
衡阳市南岳怡绿有机茶开发有限公司	南岳区寿岳乡	省级
耒阳市江头生态农业开发有限公司	耒阳市龙塘镇	省级
常宁市福塔农业科技开发有限公司	常宁市塔山瑶族乡	省级
常宁市兴华农业开发有限公司	常宁市塔山瑶族乡	省级
湖南辉广生态农业综合开发有限公司	衡山县开云镇	省级

单位名称	地址	级别
湖南谷佳茶业生态农业科技有限公司	常宁市塔山瑶族乡	省级
湖南瑶园生态农业科技发展有限公司	常宁市塔山瑶族乡	省级
湖南胡家园茶业有限公司	耒阳市龙塘镇	省级
湖南长健农业发展有限责任公司	衡阳县界牌镇	省级
湖南水木芙蓉茶业有限公司	耒阳市龙塘镇	省级
湖南省南岳云雾茶业有限公司	南岳区寿岳乡	市级
衡南县绿叶茶业有限公司	衡南县宝盖镇	市级
祁东县高峰茶业有限公司	祁东县马杜桥乡	市级
湖南瑞丰茗香茶业有限公司	常宁市塔山瑶族乡	市级
常宁市塔山农贸有限责任公司	常宁市塔山瑶族乡	市级
常宁市天堂山云雾茶开发有限公司	常宁市塔山瑶族乡	市级
耒阳市海成生态农业有限公司	耒阳市龙塘镇	市级
常宁市九龙茶业有限公司	常宁市塔山瑶族乡	市级
衡阳市宝盖绿康生态农业科技发展有限公司	衡南县宝盖镇	市级
衡阳市天品花汇茶业有限公司	衡南县江口镇	市级
衡阳市莲湖湾生态农业有限公司	衡南县近尾洲镇	市级
湖南陈海龙生态农业发展有限公司	衡阳县岣嵝乡	市级
湖南省天塘湖生态茶叶有限责任公司	常宁市天堂山办事处	市级
常宁市代发生态农业有限公司	常宁市洋泉镇	市级
常宁市福塔茶叶有限公司	常宁市塔山瑶族乡	市级
常宁市庄上农业开发有限公司	常宁市塔山瑶族乡	市级
湖南佳鑫农林牧生态开发有限公司	常宁市塔山瑶族乡	市级
常宁市龙辉农业发展有限公司	常宁市塔山瑶族乡	市级
衡阳市南岳区西岭有机茶业有限公司	南岳区寿岳乡	市级
衡阳市雨前茶业有限公司	南岳区寿岳乡	市级
衡阳市南岳康乐福生态农业发展有限公司	南岳区寿岳乡	市级

资料来源：衡阳市农业技术服务中心，截至 2022 年 12 月 31 日。

南岳是湖南省最早通过国内外有机产品认证的茶区之一，同时也是全省有机茶生产中心之一。南岳区（核心区）现有茶场 16 个，高山有机茶园面积 720 公顷，其中无性系良种面积 653 公顷，年产量 480 多吨，茶业综合产值 3.06 亿元。

2. 品牌建设

2011 年，根据"将南岳打造成全省一流的高山有机茶基地"的指导思想，衡阳市委、市政府要求整合资源品牌、发展茶园、统一打造南岳云雾茶品牌。2018 年，衡阳市十五届人大常委会第十三次会议形成决议，确定整合五县两市一区的茶业资源，将"南岳云雾"茶打造为衡阳市级茶叶区域公用品牌。原南岳云雾茶、常宁塔山茶、江头贡茶等品牌、各大企业商标，全部整合到"南岳云雾"旗下，统一一个姿态发声，一个拳头发力，一个窗口对外。南岳云雾不再限于南岳一区一地，而成为衡阳名茶的代名词。

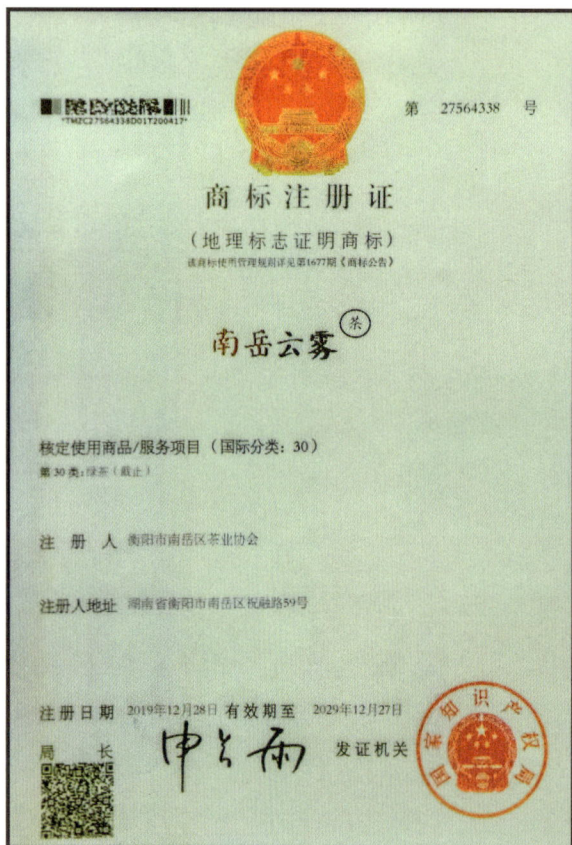

图 7-3 "南岳云雾"地理标志证明商标

"南岳云雾"于 2005 年获"湖南十大名茶"称号，2016 年获湖南茶叶"十大公共品牌"称号，2018 年获"湖南十大名茶"称号，同年入选农业农村部主编的《百年名茶名录》，2019 年注册地理标志证明商标（图 7-3），2020 年获评湖南茶叶"精准扶贫十大区域公共品牌"，2021 年获评湖南茶叶乡村振兴"十大领跑品牌"。

按照"扩面、提质、创品"的茶叶产业发展思路及湖南省打造千亿元茶产业的要求，到 2025 年，全市茶叶种植面积将增加到 16 700 公顷，培育年产值超 5 亿元的龙头企业 2 ～ 4 家，力争茶业综合产值达百亿元，建成 666.7 公顷以上的特色乡镇 10 个，333.3 公顷以上的重点乡镇 20 个，将"南岳云雾"茶公用品牌打造成全省乃至全国著名品牌（图 7-4），争创全国一流的生态有机茶城市。

图 7-4 "南岳云雾"部分产品

3. 南岳区（核心区）主要企业

衡阳市南岳怡绿有机茶开发有限公司成立于 2003 年，为省级农业产业化龙头企业，有固定资产 5 594 万元，年生产能力 1 000 吨，年产值 8 000 万元。注册商标"寿岳"，2005 年获湖南省第七届"湘茶杯"名优茶金奖和"湖南省十大名茶"称号，是"湖南省著名商标"和"湖南省名牌产品"。在全省率先获国家绿色食品认证和欧盟有机茶认证。

湖南省南岳云雾茶业有限公司为市级农业产业化龙头企业，公司创办于 2007 年，注册商标"岳云"。目前公司有云尖、云片绿茶品种，并开发了红茶、黑茶产品。

衡阳市南岳区西岭有机茶业有限公司为市级农业产业化龙头企业，注册商标"杉湾"。南岳杉湾有机茶基地位于寿岳乡杉湾村，基地始建于 1992 年，扩建于 2007—2012 年，面积 95.3 公顷，海拔高度 880 米，2010 年牵头成立了杉湾茶叶合作社，2014 年杉湾茶叶基地被授予湖南省茶叶示范基地称号，2015 年杉湾茶叶合作社被授予国家级示范合作社称号。

衡阳市雨前茶业有限公司成立于 2019 年 11 月，前身先后为衡阳市南岳区石山茶场、衡阳春之韵茶叶种植专业合作社，是衡阳市农业产业化龙头企业，注册商标"雨前印象"。

4. 销售市场

南岳云雾茶历史久远。从汉武帝起，经晋代到唐代初年，道教和佛教人士根据自身需求，自栽、自采、自制、自饮茶叶。唐代中期，除道教、佛教自饮外，优质云雾茶专供皇帝和各级地方官吏享受（皇贡和土贡）。晚唐时期，官饮民仿，文人墨客对饮茶也渐感兴趣，继而民间饮茶成风，此后茶叶远销广东、广西和越南北部。

1949—2000 年，南岳云雾茶逐步恢复和发展，主供游客（主要是香客）和省内茶叶店。进入 21 世纪，南岳云雾茶发展进入快车道，以企业为龙头在省内外建立了销售点和批发网点，销售市场由本省逐步向广东、香港、澳门、上海、山东、山西、陕西、北京、内蒙古等地扩展，有些企业还开拓了澳大利亚、俄罗斯、日本等海外市场。

三

品质特色

南岳云雾（绿茶类）分为毛尖、银针、（云雾）绿茶三类（图7-5、图7-6、图7-7），其感官品质见表7-2，理化指标见表7-3，这些指标均引自湖南省茶叶学会团体标准 T/HNTI 026—2020《南岳云雾茶 绿茶》。

表7-2 南岳云雾（绿茶）感官品质

类别	外形	内质			
		香气	滋味	汤色	叶底
银针	芽头挺直，色泽翠绿	嫩香高长	鲜醇甘爽	嫩绿明亮	嫩绿明亮
毛尖	条索紧结有毫，色泽绿润	栗香或清香高长	醇厚	黄绿明亮	黄绿明亮
云雾绿茶	条索尚紧结，色绿尚润	栗香持久	较醇厚	黄绿较亮	黄绿尚亮

表7-3 南岳云雾（绿茶）理化指标　　　　　　　　单位：%

项目		指标		
		银针	毛尖	云雾绿茶
水分	≤	7.0	7.0	7.0
粉末	≤	1.0	1.0	1.5
水浸出物	≥	37.0	37.0	34.0
总灰分	≤	7.0	7.0	7.5
粗纤维	≤	13.0	13.0	15.0

注：粗纤维为参考指标。

图 7-5 "南岳云雾"毛尖

图 7-6 "南岳云雾"银针

图 7-7 "南岳云雾"绿茶

四

产地生态环境

1. 产区地域范围

据徐灵期《衡山记》载，南岳衡山有七十二峰，衡阳市回雁峰是头，长沙市岳麓山是尾。南岳云雾茶是在"南岳云雾"地理标志证明商标明确的地域范围内或由该商标持有人授权生产的，以适制绿茶、红茶的茶树品种鲜叶为原料，经特定工艺制成的，具有南岳云雾茶品质特征且使用"南岳云雾"地理标志证明商标的绿茶、红茶。衡阳市茶叶产业链全景（南岳云雾产区分布），见图 7-8。

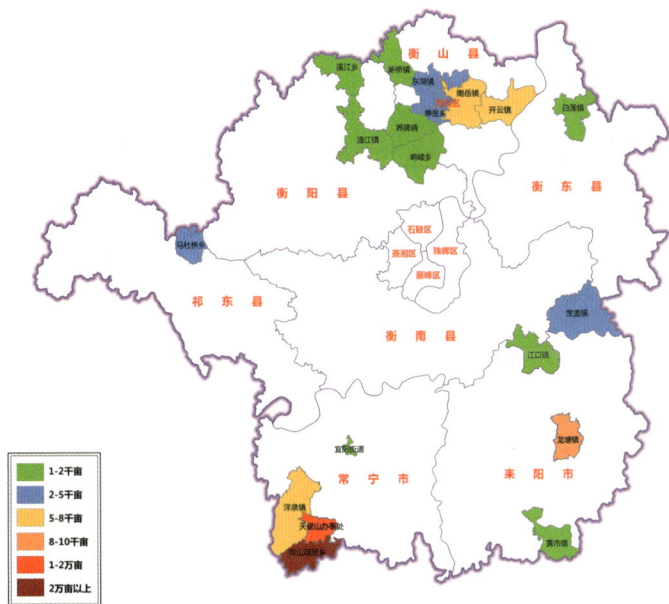

图 7-8　南岳云雾产区分布

2. 产地气候条件

南岳衡山位于北纬27°2′～27°22′，东经112°32′～112°58′，海拔82～1289.8米，高差约1200米。年平均气温14℃，年降水量2200毫米，年霜冻期40天左右，一年中约有280天云雾笼罩，相对湿度80%以上。产区海拔800～1000米地带普遍种植茶树。优良的生态环境，加上绝妙的高山云雾气候，使南岳云雾保持了纯天然的上等品质。

3. 产地土壤与生物多样性

南岳衡山的土壤类型、植被、pH、腐殖质、氮、磷、钾等，随着海拔高度有所变化。南岳衡山土壤的腐殖质含量较高，贮藏量大，而且腐殖质土层厚，自然肥力较高，氮、磷、钾丰富。

南岳自然生态特殊，全山有11处原始次生林，有植物2084种，动物2021种，国家级保护生物100多种。这里生态条件好，很少有自然灾害和毁灭性病虫害发生。

图7-9　南岳标准化茶园

五

鲜叶生产

1. 茶树品种

南岳最早的茶树品种是生长在南岳山中的野茶，当地人称为"南岳山茶"。现在南岳种植的茶树品种主要是本地的野生群体种和20世纪大规模种植的安化群体种及福鼎大白、福云六号等。适宜推广的适制南岳云雾的主要茶树品种见表7-4。

表7-4　适制南岳云雾的茶树品种

品种	主要特性
槠叶齐	无性系，中生种，适制绿、红茶
碧香早	无性系，早生种，适制绿、红茶
茗丰	无性系，中生种，适制绿、红茶
湘波绿2号	无性系，早生种，适制绿、红茶
黄金茶1号	无性系，特早生种，适制绿、红茶
其他	适制南岳云雾的省内外优异品种

2. 茶园培管技术

茶园培管技术执行湖南省茶叶学会团体标准 T/HNTI 024—2020《南岳云雾茶 生态茶园种植技术规范》。茶园多施有机肥料，配合施用复合肥料。病虫害防制措施有农业防治、物理防治、生物防治、化学防治等。

六

加工技术

湖南省茶叶学会制定了团体标准 T／HNTI 025—2020《南岳云雾茶 绿茶加工技术规程》，确立了南岳云雾茶绿茶的鲜叶要求、工艺流程和技术参数。

1. 原料要求

要求鲜叶新鲜、匀净，无红变芽叶，无污染和无非茶类夹杂物。

银针原料为茶树单芽，毛尖原料为一芽一叶到一芽二叶，云雾绿茶原料以一芽三叶及同等嫩度对夹叶为主。

2. 加工技术

（1）银针加工技术

工艺流程：摊青→杀青→清风→烘二青→理条、整形→烘三青→足干提香。

摊青：鲜叶入厂后，立即摊放于摊青槽或竹垫、篾盘中，摊放厚度 3～5 厘米，放入摊青槽，间歇式鼓风摊青 3～4 小时，每 1.5～2.0 小时轻翻一次，直至鲜叶发出清香或令人舒服的花香，含水量 70%～72%。

杀青：选用滚筒杀青机。杀青温度280～300℃，杀青时间1.5～2.0分钟。要求投叶均匀、适量，以杀青叶含水量60%～62%为宜。

清风：使用茶叶冷却输送带或电风扇吹冷风，及时降低叶温。

烘二青：选用斗型或平式烘焙机。温度90～100℃，烘至茶叶含水量45%左右，中途勤翻。

理条、整形：选用抖动理条机。温度80～90℃，待茶坯理直、含水量20%～25%为宜。

烘三青：选用自动烘焙机。温度100℃，烘至茶叶含水量12%～15%为宜。

足干提香：选用提香机。温度80～90℃，至手捏茶坯成粉末、含水量6%以下为宜。

（2）毛尖加工技术

工艺流程：摊青→杀青→清风→揉捻→烘二青→摊凉→烘三青→做形提毫→足干提香。

摊青、杀青、清风工序与银针加工技术相同。

揉捻：选用中小型揉捻机，装叶量以自然装满揉桶为宜。揉捻时间15～20分钟，揉捻时进行两次加压，遵循"轻—重—轻"原则。待杀青叶80%以上成条、稍溢出茶汁为适度，即下揉机解块。

烘二青：选用斗型或平式烘焙机。温度110～130℃，至茶叶含水量40%～45%为宜。

摊凉：用冷却输送带或电风扇吹冷风，及时散热，降低叶温至室温。

烘三青：选用自动烘焙机。温度85～95℃，烘至茶叶含水量20%～25%为宜。

做形提毫：选用斗式或平式烘焙机。温度80～90℃，至白毫显露、含水量12%～15%为宜。

足干提香：选用提香机。温度85～95℃，至手捏茶坯成粉末、含水量6%以下为宜。

（3）云雾绿茶加工技术

工艺流程：摊青→杀青→摊凉→初揉→初烘→摊凉→复揉→炒（烘）三青→足干提香。

摊青：与银针加工技术相同。

杀青：选用中大型滚筒杀青机。温度300～330℃，至杀青叶显露清香、鲜叶不出现焦边为适度。

摊凉：用冷却输送带或电风扇吹冷风，及时散热，降低叶温至室温。

揉捻：选用中大型揉捻机，装叶量以自然装满揉桶为宜。揉捻时间30～40分钟，揉捻时进行两次加压，遵循"轻—重—轻"原则，嫩叶轻压短揉，老叶重压长揉。待杀青叶80%以上成条、稍溢出茶汁为适度，即下揉机解块。

初烘：选用自动烘干机。温度110～120℃，摊叶均匀，烘至含水量40%～45%为宜。初烘后摊凉，工艺技术同杀青后摊凉。

复揉：选用中大型揉捻机，装叶量以自然装满揉桶为宜。时间15～20分钟，复揉时进行两次"轻—重—轻"的加压程序，然后下机解块。

炒（烘）三青：选用瓶式炒干机或自动烘干机。炒干温度110～120℃，烘干温度100～110℃，待茶叶含水量12%～15%时下机摊凉。

足干提香：选用提香机、炒干机或自动烘干机提香。温度90～105℃，至手捏茶坯成粉末、含水量6%以下为宜。

七

名茶文化

1. 传说故事

传说神农追逐衔来稻穗的朱雀，朱雀飞落湘中化身南岳，神农便在此教万民结五谷，尝百草，遇七十毒，得茶解之，被尊为"中华茶祖"。

相传彭祖活了 800 多岁，经历诸朝，是世上最长寿的人，最谙养生之道。他从小生活在南岳，结婚后到武夷山。他将茶籽带到武夷山种植，生子彭武、彭夷，续其茶道，为纪念这对兄弟，人们将山的名字改为"武夷山"。传说，彭祖用员木果籽（茶籽）炖野鸡汤，敬献尧帝获赞之后，尧帝便把彭城封给了他，后来他又到过四川的彭祖山。所以后世称他为彭祖。紫盖峰下有几千米长的山谷，他将采自衡山附近的药用植物和茶树移栽在此，以便药用。这峡谷一直被历代皇帝看重，只许道人在此修真、种植药茶、建观度人、采药炼丹。方圆 20 千米全是皇帝圈定的禁区，现存禁山石刻仍清晰可见。这里有唐玄宗敕建的九仙观，现湖南图书馆存有清刻本《南岳古九仙观九仙传》，其中《雨前岳茗》载："寿岳之茗，祝融称善。"

2. 茶与宗教

南岳衡山是中国佛教第一个宗派天台宗三祖慧思大师所说"三生修行"的地方，是禅宗"五叶流芳"的源头，是中国佛教"如来禅"和"祖师禅"的重要发祥地，史称禅宗"祖源"。

南岳衡山坐拥道教一洞天四福地，儒、释、道互生共存，禅茶文化、寿茶文化交相辉映。

唐代《南岳小录》中多处提到茶灶、茶园、煮茶的石乳等，并记述了南岳道士王仙峤在长安施茶后受封国师之事："初，天师为行者，道性冲昭，有非常之志。因将岳中茶二百余串，直入京国，每携茶器，于城门内施茶。"

南岳茶与南岳道教渊源深厚，南岳茶被历代高道奉为仙茗。南岳云雾在"茶禅一味"和"天人合一"的茶道思想中发展，不仅是一杯香茗，还蕴含着悠长的历史故事，值得回味。

3. 名人咏茶

古往今来，文人雅士，如李白、齐己、李群玉、欧阳修、张栻、朱熹、王夫之、齐白石、赵朴初等，无不嗜茶，对南岳茶赞美有加，并为之吟诗作赋，挥毫泼墨。

唐代诗僧齐己《送人游衡岳》诗云：

> 荆楚腊将残，江湖莽苍间。
> 孤舟载高兴，千里向名山。
> 雪浪来无定，风帆去是闲。
> 石桥僧问我，应寄岳茶还。

唐代诗人李群玉收到衡山隐士惠赠的石廪茶，夸赞不已，认为其色香味形可与浙江两种贡茶媲美，作《龙山人惠石廪方及团茶》诗云：

> 客有衡岳隐，遗余石廪茶。
> 自云凌烟露，采撷春山芽。
> ……
> 顾渚与方山，谁人留品差。
> 持瓯默吟味，摇膝空咨嗟。

宋代张栻《南岳庵僧寄上封新茶风味甚高薄暮分送韩廷玉李嵩老》诗云：

> 浮瓯雪色喜初尝，中有祝融风露香。
>
> 径欲与君同晓赏，短檠清夜正相望。

明代王夫之有《衡岳摘茶词》十首，描写南岳茶叶生产的场景。第八首诗云：

> 清梵木鱼暂放松，园园锯齿绿阴浓。
>
> 揉香按翠三更后，刚打乌啼半夜钟。

4. 茶俗

每年农历二月十九日是观音菩萨诞辰，茶农自采一点芽茶，首先祭供观音菩萨。

清明前后，茶农必先祭拜山神土地、岳神茶祖后（图7-10），才能开山采茶。

"香头"组织来南岳"朝圣"的民众，早晨要备办香茶黄裱专心来请司天昭圣帝之神，开始新一天的朝拜仪规。并选带茶叶、茶油供祖奉神。

副食果蔬等都如制茶一样"干熟"储存，奇妙地幻化成"茶"，名"幻茶"，以便随时招待客人。

无论红白喜事，至少上九方格的"幻茶"和时果，多多益善。先品茶席，再用酒席正餐。

当地人认为，人的一生都要靠茶神、茶叶保护。婴儿出生三日用茶水"洗三朝"，并做"三朝之庆"；男女订婚"吃定茶"；老人生日吃"祝寿茶"；人亡以后吃"净尸茶"，并让亡者含茶叶、抓茶包、封茶粮、枕茶枕、卧茶垫，让他永享茶福。

南岳地区设立和制作的所有立体神像菩萨，身后都要置仓藏茶，封存"陈茶米谷"当"神脏"，如此才能畅达其灵，保境安民。

图 7-10　南岳开山采茶祭拜山神

5. 祭茶大典

春茶祭典是南岳一项古老的民间风俗，曾一度中断。2007 年，南岳茶文化研究会发起恢复春茶祭典系列活动，延续了这一传统民间习俗，并将其作为一项祭祀先祖、祈求丰年的传统茶事活动（图 7-11）。2016 年，南岳祭茶大典入选国家非物质文化遗产衡阳市级名录。

每年南岳大庙立夏节之大祭，远近的茶农都将选好的新茶，以官民春茶祭祖形式，隆祭岳神神农和祝融，朝圣茶歌，鸣金三匝，擂鼓三通，汉号齐吹，俗称请岳神"尝新"。新采摘的春茶经过御街"天下牌坊"处、寿涧桥、嘉应门进行交接后，捧到大庙正殿前坪。在分别代表"茶祖、茶神、茶人"的炎帝神农氏、南岳茶神祝融氏、茶圣陆羽的神位前，伴随着司仪庄重的宣告声，献礼、奉茶、诵读祭文、佛道加持等仪式依次进行，仪式庄严隆重，凸显了南岳的地域特色和文化特色。

图 7-11   2014 年南岳祭茶大典

6. 寿茶（南岳云雾茶）茶艺（解说词）

寿茶茶艺以"和、清、康、寿"为主题。

和：和蔼待人，和乐品茗，以和养生。

清：清则见性，清则无忧，至清道和。

康：康乐怡美，健康身心，康宁平安。

寿：以茶养生，品茶修身，一百零八。

第一道：活火烹煮寿涧水。

南岳大庙有一条名叫寿涧的小溪，寿涧水清澈甘甜，相传"取岳山之水，可以延年益寿"。水为茶之母，有了水的甘清，才有茶的芬芳。今天我们选用岳山之寿涧水来冲泡寿茶，更是相得益彰，锦上添花。

第二道：磨镜台前悟禅机。

磨镜台是南岳风景名胜之一。相传佛教禅宗七祖怀让和尚在此以砖磨镜，使马祖道一顿悟禅机，终成佛教南禅的一代宗师。今天选用透明的玻璃杯，以便让大家更好地欣赏茶叶在水中翩翩起舞的姿态。烫杯使茶杯洁净无尘，让茶人心中纤尘不染，从中领会清、静、洁的意境。

第三道：君临福康赐寿茶。

现在大家所看到的是南岳云雾茶，即寿茶，它选用无污染的鲜嫩茶芽，精心制作而成，条索壮实，挺直秀丽，翠绿匀润。

第四道：喜看飞花落洞庭。

"衡山苍苍入紫冥，下看南极老人星，回飙吹散五峰雪，往往飞花落洞庭。"这是李白赞美南岳的诗句。当茶艺师将寿茶轻轻放入杯中时，茶叶仿佛像瑞草随风飘然而下落入杯中，恰似一幅"飞花落洞庭"的美景。

第五道：水帘奇洞飞银瀑。

水帘洞之奇，祝融峰之高，藏经殿之秀，方广寺之深，为南岳四绝。当茶艺师将壶以高冲的手法向杯中注水时，水流直泻而下，雪浪翻涌，仿佛让人直观水帘洞飞银瀑布之奇，启人心智，令人神往。

第六道：麻姑献茶无量寿。

麻姑是传说中的仙女，她每年在衡山采灵芝酿酒，于三月三日飞天为王母祝寿。麻姑拜寿的传说还在中华民族中凝聚为一句美丽的贺词——"福如东海，寿比南山"。麻姑是由这里飞天给王母拜寿的。在此我们借这杯茶祝在座的各位嘉宾福如东海，寿比南山。

第七道：春花夏云一杯中。

南岳衡山的自然景色极其秀美，春看花，夏赏月，秋望日，冬观雪。请看杯中汤色碧绿，银毫闪闪，如雪花漫舞；茶芽伸展，风姿绰约，如春花飞舞；杯口微微冒着水汽，恰似"欲见不见轻烟里"的南岳云景；这种意境正是寿岳"浮云拨日、春花夏云"的生动写照。

第八道：品饮香茗增福寿。

寿茶滋味鲜爽，香气馥郁，品饮南岳云雾茶不仅可以补充人体所需的多种维生素，还可降血压，降血脂，清神醒脑，健胃消食，祛病延年。"雾锁千树茶，云开万壑葱。香飘万里外，味酽一杯中。"这是茶人对南岳寿茶的高度评价。在座的各位饮过寿茶之后，定会有同感。

第九道："和清康寿"品至味。

"谁道色香味，只许入泉室。逍遥尝寿茶，延年又增福。"愿诸位通过品饮南岳寿茶，不仅对南岳名茶、名山、名景、名泉有所了解，领略"和、清、康、寿"为主题的寿茶茶艺，更能增添一份对南岳寿茶的喜爱。

图 7-12　南岳衡山祝融峰上寿茶茶艺展示

7. 歌曲

2019 年，衡山论茶——"寿岳茶歌"非遗晚会主题曲为《八百里衡山茶飘香》，此歌由洪载辉、刘仲华作词，李剑作曲。歌曲阐释了南岳茶文化的丰富内涵，讴歌了衡山茶乡的美景，歌词云：

八百里衡山茶飘香，三道水口锁大江。祝融峰，钟悠扬；古茶道，马铃响。南岳云雾茶歌亮，茶里乾坤日月长。佛之道，苦与甘，心中是禅茶的故乡。

八百里衡山茶飘香，神农百草起汉唐。天下茶，出东方；茶之源，问三湘。丝绸路上万国赏，传承中华书篇章。五千年，路漫漫，喝一杯云雾走四方。

八

品饮与健康

1. 品饮方法

南岳云雾茶以"色绿、香高、味爽、形秀"著称,茶多酚、氨基酸、咖啡碱含量丰富、比例协调,赋予了其经久耐泡,历经数泡仍汤色清澈、回味无穷的优良品质特征。品饮南岳云雾茶一般有四个环节:一是闻香气。不同类型的南岳云雾绿茶香气类型、浓度、纯度、持久性有所不同,银针嫩香高长,毛尖栗香或清香高长,云雾绿茶栗香持久。二是赏汤色。南岳云雾绿茶茶汤嫩绿或黄绿。三是品滋味。品鉴茶汤的浓淡、厚薄、醇涩等,南岳云雾茶滋味有鲜醇甘爽、醇厚等类型。四是评叶底。品鉴叶底的嫩度、色泽、明暗度等。

2. 保健价值

"南岳天下秀,到此人增寿",南岳云雾是延年益寿的寿茶。2017年,中国国际茶文化研究会授予南岳区为"中国寿茶文化之乡"(图7-13)。衡山土壤有机质丰富,不仅茶叶品质高,而且空气中负氧离子含量高,茶中富含维生素和氨基酸,有丰富的营养价值和良好的保健功效。山中百岁老人及高僧高道众多,均以品饮南岳云雾茶作为养生之道。

图7-13 衡阳市南岳区被授予"中国寿茶文化之乡"

本章执笔 × 李国嗣

桂东县位于罗霄山脉中段南端、湖南省东南部、湘粤赣三省接壤地带。罗霄山脉和南岭山脉的交会形成了桂东独特的地形地貌，高山台地的地理特征赋予了其宜人的气候和秀丽的风光。桂东县属高海拔典型山区，县城海拔824米，境内齐云山海拔2 061米，是全国生态示范区建设试点县，森林覆盖率达82%，境内生态环境优越。玲珑茶产业被融入现代科技后，茶园管理更加科学、加工工艺更为精湛、营销渠道更加丰富，走向了基地集约化、加工现代化、产品多元化、产业融合化的发展之路，一片片叶子托起了湘赣边区的特色优势产业。

桂东玲珑茶，形如环钩，奇曲玲珑，原产地有一村名为"玲珑村"，故有"玲珑茶"之雅称。

桂东玲珑茶

第八章

（一）

产销历史

在清泉镇和桥头乡，保存着一条南岭地区神秘的茶马古道，这是宋代黑风峒义军[①]活动范围的五条湘赣古道之一，东通江西的吉安遂川、赣州，南达广东韶关、广州，西往兴宁（资兴）、郴州，北到酃县（炎陵）、衡阳，穿插迂回十万多平方千米。宋代，南部马帮队极少，齐云山、八面山、诸广山和罗霄山一带，山重水复，巍峨险峻，当时却在这山道崎岖之地，活动着一支神秘的马帮，马帮将茶叶、花豆、山鸡、兽皮、野鹿、石羊和乌獐等运到山外换取食盐、粮食等。

据清同治《桂东县志》[②]记载，明末桂东即开始种茶和商茶。《桂东县志》记载："货之属曰桂东土茶焉"。曾继梧《湖南各县调查笔记》（1938年，和济印刷公司）载："茶叶为八面山天然产，饮之凉生两胁，可以消烦涤虑。"

清末，县内茶叶种植面积不大，一般只在田园土边及高坎上少量种植。民国时期，政府把茶叶作为日常战略物资，专门出台了相关政策。如1940年，湖南省第三区行政督察专员公署、保安司令部第730号"抄发全国内销茶叶办法大纲施行细则及出运证、运销证训令"；1941年，湖南省建设厅第37号训令批准桂东县政府"由商人呈县茶店发票并由起运地商会证明取具保结留档放行"；1942年，湖南省主席薛岳签发了湖南省政府末府财一字第1783号训令"茶类统税征收暂订章程"等。说明桂东县域内，茶叶是当时流通较频繁的商品，政府实行严格管控。

中华人民共和国成立后，桂东县委、县政府鼓励农村发展茶叶生产，桂东的茶叶发展重焕

---

① 程苹，刘美嵩：论南宋黑风峒瑶族人民起义，中南民族大学学报：人文社会科学版，1989年5期，35～43页。

② 桂东县志编纂委员会编：桂东县志，长沙：湖南人民出版社，1998年。

新颜，全县在广辟茶园时，为保持桂东玲珑茶特有的风味和品质，将留存下来的野生茶树和当地特色茶树品种，逐步提纯、改良、扩繁，形成了玲珑茶现有的群体品种。

1949 年，全县茶园面积只有 26.7 公顷。1957 年，全县茶园面积 47 公顷，茶产量 1.95 吨。1965 年，全县茶叶种植面积 262 公顷，年产茶 6.1 吨，不少公社大队开辟了茶场，如城关镇设立了 2 个茶场和茶叶种植专业生产队，四都乡在八面山开辟了初江茶场、江脑茶场、黄茅凸茶场，青山乡开辟了塘贤里茶场、大水口茶场，大水乡开辟了八仙下棋茶场等。据《桂东县十二年发展茶叶生产的规划（1964—1975 年）》载："据许多老人叙述，桂东种植茶叶有百多年了，大地公社的玲珑茶，远近闻名，西边山的苦茶、八面山的清茶，都有其特殊风味。"又载："预计到 1975 年，全县五大茶区共建茶园 1.8 万亩，实现每五个人一亩茶园的要求。"

1968 年，全县茶叶种植面积减至 100 公顷，茶叶产量减至 2.1 吨。1979 年，茶叶生产逐渐恢复，茶园面积达到 168.8 公顷，茶产量 26.7 吨。1983 年，茶产量 30.5 吨。1990 年，茶园面积发展到 206.4 公顷，茶产量 66.9 吨。

以前县内的茶叶品种主要是本地群体品种。《桂东县志》载：1981 年，湖南省茶叶资源调查组在青山、大水、四都、普乐、沙田等地发现大量野生大叶苦茶，且有 50 余年树龄的老茶树。1982 年，桂东县农业部门从浙江乐清县引进福鼎大白品种，后来逐步从浙江、福建引进安吉白茶、铁观音、金观音等品种。

《桂东县志》载："县内茶叶加工，历来靠手工制作。桥头、大地茶叶制作的历史较长，家家户户会制茶叶，尤以大地铜锣村玲珑组人的茶叶制作技术最高。当地居民的祖辈从广东嘉应州（梅县一带）传入'工夫茶'（俗称红水茶）制作技术后，世代相传，并逐渐改为制作绿茶（俗称清水茶）。"

桂东人把本地茶叫"玲珑茶"已久，直到 1993 年 9 月，桂东县大地玲珑茶厂（现已关停）才申请注册了"玲珑"商标。

❀

二

产业发展现状

1. 概况

21世纪初，玲珑茶产业迎来了蓬勃发展的春天。随着农业产业结构调整步伐加快，茶叶被列为桂东县农村产业结构调整的主导产业，县委、县政府为促进茶叶产业发展，多次出台文件引导扶持，逐步形成村企民共建、产学研结合、农工贸一体化、产供销一条龙的产业格局。

全县现有清泉镇、桥头乡2个茶叶专业乡镇，14个茶叶专业村，打造了"万亩玲珑茶叶观光园""三十里茶叶走廊"（从桥头甘坑至清泉秋坪）。基地集中连片，规模集聚，标准化程度高，构建了茶园综合管理体系，推广病虫害专业化防治、绿色防控技术，与江西省的"狗牯脑"茶基地连成一片，湘赣边茶产业集聚区初步形成。2022年，全县茶园面积已发展到10 073公顷，干茶总产量5 200吨，年总产值4.8亿元。

2. 品牌建设

桂东玲珑茶声名远扬。1981年，被评为"湖南八大名茶"；1989年，获农业部优质产品奖；2005年，获第十二届上海国际茶文化节中国名茶评比金奖；2011年，被列为"湖南十大茶品牌"；2012年，获"国家地理标志保护产品"；2014年，获"中国茶行业十佳品牌"；2015年，被评为"中国驰名商标"；2018年，被评为"湖南十大名茶"。

图 8-1 桥头红桥茶园

图 8-2 桥头白水茶园

图 8-3 清泉镇夏丹茶园

桂东县茶产业独占鳌头。2001 年，被列为湖南省优势产茶区域县；2012 年，被列为湖南省湘南绿茶优势产业带；2013 年，被评为"全国百强重点产茶县"；2014 年和 2015 年，均被列为"全国重点产茶县"；2022 年，有机茶园面积 46.67 公顷。

3. 主要产销单位

桂东县主要茶叶产销单位见表 8-1。

表8-1　主要茶叶产销单位名录

单位名称	地址	级别
桂东县玲珑王茶叶开发有限公司	沤江镇	省级
桂东县蓝老爹茶业开发有限公司	清泉镇	省级
桂东县一叶神茶业开发有限公司	清泉镇	市级
桂东县清桥茶果开发有限责任公司	清泉镇	县级
桂东县江师傅生态茶业有限公司	清泉镇	县级
桂东县下丹茶业开发有限公司	清泉镇	县级
桂东县桥园春生态农业开发有限公司	桥头乡	县级
桂东县宝宏云雾茶业专业合作社	桥头乡	县级
桂东县氧园春电子商务有限责任公司	大塘镇	县级
桂东县振兴茶业土特产开发有限公司	沤江镇	县级

资料来源：桂东县农业农村局提供，截至 2022 年 12 月 31 日。

4. 销售市场

茶青市场。春茶收购商有 200 多家，以清泉、桥头两个乡镇为集中茶青交易区域，主要以乡镇集市为中心，另有走村串户、鲜叶订单、组队采摘等多种形式。

茶青交易。 一般早芽品种价格较高，然后渐低，再稳定在一定水平。2月下旬至3月上旬价格 80～240 元/千克，日交易量 3～15 吨；3月中旬至4月上旬价格 30～120 元/千克，日交易量 15～50 吨；4月中旬至9月上旬为夏茶，价格 10～60 元/千克，交易量波动较大；9月下旬至10月上旬为秋茶，价格比夏茶略高，日交易量 10～20 吨。鲜叶交易，除本地百余家加工厂收购外，江西等外地有数十家茶商前来收购。

图 8-4 玲珑茶小罐包装

干茶销售。 2022 年，县域内有销售点 28 个，县外有 75 个。大部分散茶批发给江西茶商贴牌销售，江西茶商转销江西、福建、浙江等茶叶市场。

特定销售渠道。 桂东县玲珑王茶叶开发有限公司在北京、上海、长沙等城市设立玲珑茶专卖店，与中石化合作，在全国 10 多个省市的加油站进行铺货销售，与本市国家级龙头企业湖南临武舜华鸭业发展有限责任公司合作，使用该公司的销售网点带货销售。

图 8-5 玲珑茶外形

三

品质特色

桂东玲珑茶各等级成品茶的感官品质、理化指标分别见表8-2、表8-3。

表8-2　玲珑茶感官品质

级别	项目							
	外形				内质			
	条索	整碎	色泽	净度	香气	滋味	汤色	叶底
特一级	紧细奇曲	匀整	绿润色翠	稍有嫩茎	嫩香	鲜醇	嫩绿明亮	嫩绿匀齐
特二级	紧细显毫	匀整	绿润色绿	有嫩茎	清香	鲜爽	浅绿明亮	嫩绿匀整
一级	紧实有毫	尚匀整	尚绿润	有茎梗	纯正	醇和	黄绿明亮	黄绿尚匀

表8-3　玲珑茶理化指标　　　　　　　　　　单位：%

项目		指标		
		特一级	特二级	一级
水分	≤	6.5	6.5	6.5
水浸出物	≥	34.0	34.0	34.0
总灰分	≤	6.5	6.5	6.5
粗纤维	≤	12.0	13.0	14.0
碎末茶	≤	3.0	3.0	3.0
咖啡碱	≥	2.0	2.0	2.0
游离氨基酸	≥	2.0	2.0	2.0

成品茶的卫生指标：食品中污染物限量符合《食品安全国家标准　食品中污染物限量》（GB 2762—2022）的规定；农药残留限量符合《食品安全国家标准　食品中农药最大残留限量》（GB 2763—2021）的规定。

产地生态环境

1. 产区地理分布

桂东县地处东经 113°37′ ～ 114°14′、北纬 25°44′ ～ 26°26′，平均海拔 881 米，东、北、西三面高山耸峙，中间山峦起伏，谷地星布，岭谷相间，形成以中山为主，山地、岗地、丘陵、平地兼具的山区地貌，森林覆盖率达 82%，是典型的山区县。茶产区著名山头包括：清泉镇夏丹社区下湾山（玲珑茶发源地），大山中有许多小山错立，树木葱郁，海拔 630 ～ 680 米；宋坪林场八面山村山头主要分布在初江、江脑里、黄茅凸，森林茂密，溪水清澈，茶园沿溪分布，海拔 1 000 ～ 1 300 米。

据《桂东县十二年发展茶叶生产的规划（1964—1975 年）》记载，原产区分为五个茶区：大地茶区（现清泉镇、桥头乡）、城关茶区（现沤江镇）、西边山茶区（现青山、宋坪南部）、八面山茶区（现四都镇、宋坪北部）、双庄茶区（现普乐镇齐云山村）。

如今，桂东玲珑茶产区主要分三个片区：东片区，包括清泉镇、桥头乡、沤江镇大坪村，为全县茶产业核心区；中片区，包括寨前镇、大塘镇、新坊乡；西片区，包括青山乡、宋坪林场、四都镇、沙田镇大水村。

主要产茶乡、镇、村有：

清泉镇的夏丹社区和大地村、中坑村、里地村、秋坪村、庄川村；桥头乡的红桥社区和横店村、侠头村、甘坑村、白水村、尚义村、顺义村；沤江镇大坪村；寨前镇山田村；大塘镇春风村、全溪村；新坊乡荷塘村；沙田镇大水村；四都镇双溪村、长青村、东风村、新柳村；青山乡寨坪村、罗家村、宋家村、彩洞村；宋坪林场八面山村。

桂东玲珑茶主产区分布见图8-6。

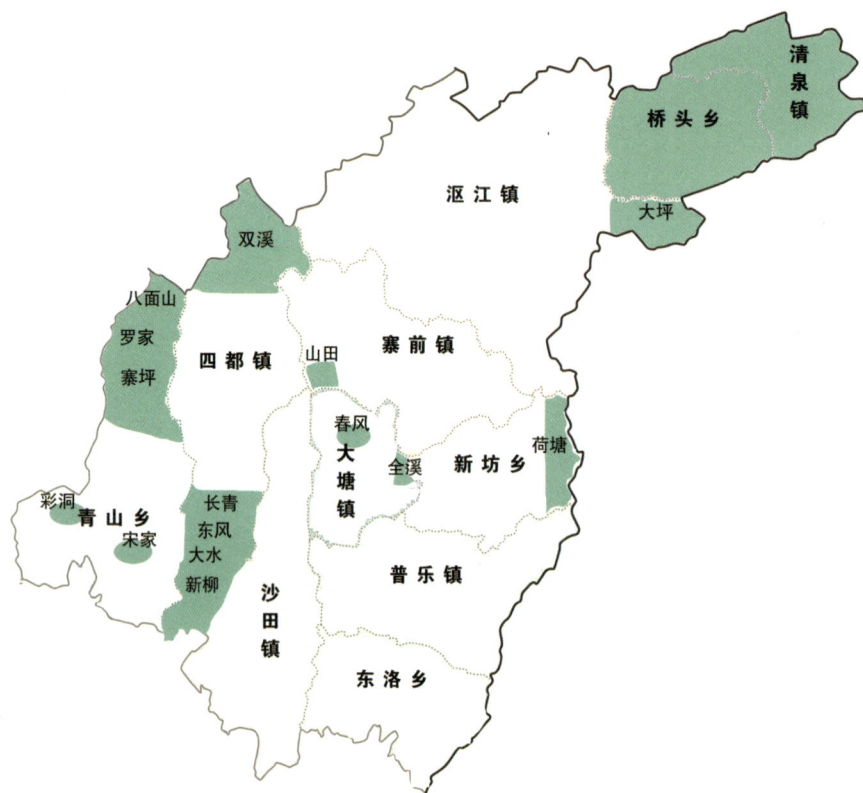

图8-6　桂东玲珑茶产区分布（绿色标示茶园基地）

2．产地气候特点

桂东县属亚热带季风湿润气候区，据最近五年统计，年平均日照1 440.4小时，年平均气温15.8℃，年降水量1 742.4毫米，无霜期249天。冬无严寒，夏无酷暑，温暖湿润，四季分明，有"天然氧吧、自然空调城"的美誉。2012年9月，上海大世界吉尼斯总部认定桂东县为"负氧离子含量最高的县"（NO：02771）。桂东茶园大多处于高海拔山地，常年云雾缭绕，且茶园周边树高林密，茶树少受太阳直射，昼夜温差大。

3. 产地土壤与生物多样性

县域内成土母质分为花岗岩风化物、板页岩风化物、石灰岩风化物、砂岩风化物、近代河流冲积物五大类型，以花岗岩风化物为主。土壤类型，海拔 500 ～ 700 米以黄红壤为主，700 ～ 1 000 米以黄壤为主，1 000 ～ 1 300 米以黄棕壤为主。境内植被丰富，土层厚度 20 厘米以内，有机质含量高，平均达 34.71 克 / 千克，富含氮、磷、钾、硒等元素，其中全氮含量为 0.05% ～ 0.5%，全磷含量为 0.1% ～ 0.2%，全钾含量为 2.0% ～ 2.3%，自然土壤多为弱酸性，多数土壤 pH 4.5 ～ 6.4，适宜茶树生长。

桂东县是典型的山区，高山耸峙，山峦起伏，岭谷相间。森林覆盖率高，生态环境良好，植被丰富，以常绿亚热带森林为主，多乔木，间以灌木。

图 8-7 清泉大地茶园

五

鲜叶生产

1. 茶树品种

适制玲珑茶的茶树品种，主要有本地群体种、白毫早、乌牛早、金观音、安吉白茶、平阳特早、梅占、楮叶齐、福云六号等，其次有碧香早、迎霜、中茶 108、龙井 43、元宵绿、湘波绿 2 号、福鼎大白等。

本地群体种为中叶类迟生种，树姿半开张，分枝较密，叶椭圆形，叶厚、色深绿、有光泽，芽叶多带紫红。抗逆性强，产量高，加工红茶、绿茶，香气馥郁持久，滋味醇厚回甘，制优率高。

图 8-8　大塘茶苗繁育基地

2. 茶园培管技术

土地耕整：厢宽 1.2～1.5 米，沟深、宽均为 0.3 米，翻耕整平畦面；15° 以上坡地修筑水平梯土，根据山势确定梯面宽度。

种植规格：双行双株，大行距 1.3 米，小行距 0.5 米，株距 0.3～0.4 米；单行双株，行距 1.2 米，株距 0.3～0.35 米。

修剪：根据茶龄、长势和修剪目的进行定型修剪，成龄茶树分别在采完春茶和采完秋茶后进行，一年修剪两次，视长势进行浅修剪或深修剪，对老茶园进行重修剪或台刈改造。

施肥：幼龄茶园，春季沟施 45% 复合肥 1.5 吨 / 公顷；成龄茶园，秋、冬修剪清园后，每公顷用 45% 复合肥 0.4 吨加有机肥 2.25 吨，混合面施后稍覆土，春季面施 45% 复合肥 0.8 吨 / 公顷。

灌溉：本县降水充沛，云雾多，灌溉较少，旱灾少见。

病虫害防治：山区梯土茶园病虫害少，一般不施药；平坦连片茶园，主要是虫害，如茶小绿叶蝉、茶角胸叶甲、茶尺蠖、茶毛虫等，使用悬挂黄板、杀虫灯进行绿色防控，采用喷施苦参碱等防治措施。还可用无人机统防统治（图 8-9）。

图 8-9　无人机统防统治

六

加工技术

1. 原料要求

采茶时按"先发先采，后发后采，符合标准就采"的原则。根据茶树生长特性、加工原料要求和分级质量要求，鲜叶采摘标准分单芽、一芽一叶、一芽二叶、一芽三叶等；一般春茶留鱼叶采，夏秋茶留新叶采。

采摘鲜叶应保持芽叶完整、新鲜、匀净，不应夹带鳞片、鱼叶、茶果与老枝叶；不宜捋采和抓采。鲜叶等级及质量要求见表8-4，引自DB43/T 928.1—2014《地理标志产品 玲珑茶 第1部分：产品质量》。

表8-4　玲珑茶鲜叶等级及质量要求

鲜叶等级	质量要求			
	小叶品种		中、大叶品种	
	外形	尺寸	外形	尺寸
特级	芽头壮实匀齐，嫩度、匀度、净度、新鲜度基本一致。无开口芽、空心芽、虫咬芽	芽头长3～3.5厘米，叶柄长度不大于0.5厘米	芽头壮实匀齐，嫩度、匀度、净度、新鲜度基本一致。无开口芽、空心芽、虫咬芽	芽头长3.5～4厘米，叶柄长度不大于0.5厘米
一级	一芽一叶初展，芽头壮实匀齐，芽叶的嫩度、匀度、净度、新鲜度基本一致	叶长不大于3.2厘米，叶宽不大于1.1厘米	一芽一叶初展，芽头壮实匀齐，芽叶的嫩度、匀度、净度、新鲜度基本一致	叶长不大于3.5厘米，叶宽不大于1.2厘米
二级	一芽一叶或一芽二叶初展，芽叶匀齐肥壮，夹角度小，芽叶的嫩度、匀度、净度、新鲜度基本一致	叶长不大于4厘米，叶宽不大于1.4厘米	一芽一叶或一芽二叶初展，芽叶匀齐肥壮，夹角度小，芽叶的嫩度、匀度、净度、新鲜度基本一致	叶长不大于4.5厘米，叶宽不大于1.4厘米

2. 加工技术

县域内有自动化茶叶加工厂2个，年加工能力2 600吨，有独立单机分步加工中小型茶叶作坊200多家，另有少部分纯手工加工户。自动化加工厂及生产线见图8-10和图8-11。

图8-10 清泉镇玲珑茶加工厂外景

图8-11 玲珑茶加工厂生产线

（1）手工炒制

工艺流程：鲜叶摊放→杀青→清风→初揉→炒二青→复揉→整形→提毫→初干→摊凉→足干→初包装。

鲜叶摊放：使用簸箕或其他摊青器具，将收购的鲜叶按品种、级别等分别摊放（摊青）；鲜叶经摊放后，叶质变软，发出清香，一般含水率在70%左右。

杀青：杀青温度遵循"高温杀青，先高后低"的原则，温度切忌忽高忽低。杀青应高温快速，杀青至鲜叶变为暗绿、失去光泽、叶质柔软、略有黏性，并显露清香时，出锅。

清风：将杀青叶均匀摊于簸箕（竹篾盘）内，自然风稍摊凉至可手揉能承受的温度。

初揉：在竹篾盘内用双手来回旋转搓揉，一般揉5～10分钟，揉至茶叶卷曲率80%以上。

炒二青：将初揉后的茶叶，再次放入锅内，进行第二次杀青，至所有鲜叶褪绿变暗。

复揉：将完全杀青后的茶叶置于竹篾盘内，趁热用力旋转搓揉，使条索紧密卷曲，揉至茶叶卷曲率95%以上。

整形：在复揉的过程中进行整形，采用理、搓、抽、抛等手法交替进行整形，至茶叶条形紧细弯曲即可。

提毫：锅温 80～90℃，一般在整形过程中同时进行，根据品种或市场需求决定提毫程度，或不提毫。

初干：锅温 150～180℃，时间 10～15 分钟，至手握茶条稍有刺感时，即可下机摊凉。

摊凉：将初干的茶叶置于竹篾盘，用手翻动均匀自然摊凉。

足干：采用烘笼进行烘焙，分初烘、足火两次进行，初烘至茶叶含水量 20% 左右，然后摊凉，反复多次，直至茶叶含水量至 10% 以下。摊凉时应匀摊，采用烘笼烘干时应防止烟味。

初包装：通过烘焙、摊凉、再烘焙、再摊凉，反复几次，制成成品后，即可装袋初包装，置于预冷库密封贮存。

（2）机械炒制（非全自动化）

工艺流程：鲜叶摊放→杀青→冷却→初揉→解块筛分→初烘→冷却→复揉→解块筛分→复烘→成形炒干→提香足干→摊凉→精选→定量包装。

鲜叶摊放：按鲜叶的品种、产地、采摘时间、级别等分别摊放；鲜叶经摊放后，叶质变软，发出清香，一般含水率在 70% 左右。

杀青：摊放后的鲜叶，用汽热滚筒杀青机杀青，温度控制在 320～350℃，以叶质柔软、手捏成团并稍有弹性，无青叶气为宜。

冷却：在单品种量较少或气温较低时，将完全杀青叶均匀摊于竹篾盘上自然风摊凉；在单品种量大或气温较高时，将完全杀青叶放摊凉机上用风机进行吹凉，散去茶叶上的热量。

初揉：按揉捻机型号和鲜叶的嫩度，投进适量的杀青叶，嫩叶茶揉捻时间 6～10 分钟，较粗叶茶揉捻时间 15～20 分钟。

解块筛分：揉捻叶下机后，用解块筛分机进行解块筛分，对筛面上条索粗松的揉捻叶，再进行揉捻。

初烘：用单层烘干机进行初烘，将解块后的茶叶均匀摊放在传送网上，厚度约 0.5 厘米，应控制送风口温度，烘干时间 1～2 分钟。

冷却：待初烘后的茶叶稍冷却后，进入下一步工序。

复揉：使用揉捻机进行第二次揉捻，使茶叶卷曲率达 98% 以上，条索紧密度 95% 以上，一般揉捻时间比初揉时间稍短。

解块筛分：用解块筛分机进行第二次解块筛分，筛选出条索粗松的揉捻叶，另行处理。

复烘：用单层烘干机进行复烘，厚度约0.5厘米，控制送风口温度，烘干时间2～3分钟。

成形炒干：在滚筒整形炒干机中进行，温度100～110℃，时间7～10分钟。

提香足干：在远红外提香机中进行，温度90～95℃，时间2～3分钟，烘至含水量6%～7%即可。

摊凉：在摊凉机上吹风摊凉，待完全冷却后，使用避光的锡箔纸袋初包装，置于预冷库贮藏。

精选：对中、高档茶叶需要进行人工精选，剔除碎叶、断叶、杂质等。

定量包装：将通过精选的成品茶叶，送入定量包装机进行包装，即为成品。

（3）茶叶精制

原料预处理：采用计算机控制茶叶动态配料（配比为10∶1），然后进入筛分机将茶叶去杂，再进入砂石选别机、杂物目视选别机和磁力选别机进行茶叶原料预处理，为后段工序做准备。

成品精制：经过预处理的茶叶原料进行复火烘干以达到茶叶水分含量要求，再进行砂石选别、杂物目视选别，进入匀堆机匀堆，然后进行毛发选别、磁力选别、金属选别、杂物色差选别。

成箱输送系统：加工好的茶叶进入自动计量称重机进行计量装箱，然后进入输送线中检测，将重量不合格的产品剔除，合格产品进行封箱、捆扎，再将成品从输送线上自动码垛，然后喷印日期、条码，为仓库自动化管理作准备。

七

名茶文化

1. 传说与茶俗

　　清泉镇夏丹社区玲珑组，半山腰中有一处名曰"山姆仙场"，现已杂树林立，但仍可见原址墙痕和屋前场坪的石砌护墙（图8-12、图8-13）。传说在百年前，玲珑村山上有一位叫"山姆"的仙人，一夜，仙人骑马到"山姆仙场"授以制茶法，村民均到仙场学习制茶，山姆仙人授教三遍至拂晓，未及喂马，即匆匆腾云离去。后人为纪念山姆仙人，将其传授制茶技术的场所，命名为"山姆仙场"。

图8-12　山姆仙场原址

图8-13　山姆仙场屋坪护墙

百余年来，茶叶的制作工艺经过几代人的改进，形成现在的玲珑茶制作标准。桂东人种茶、制茶、饮茶，至今民间都保留一些习俗。

桂东有结婚以茶（山中物产）、盐（海中物产）为聘礼的习俗，谓之"山盟海誓"；婴儿出生，以茶洗身，消灾免病；老人寿终正寝，要在其嘴里放上一撮茶叶，谓之"魂不迷关，体不发腐"；请客送礼，都以茶礼相待；并有"宁可终生不饮酒，不可一日不喝茶"之说。

在玲珑茶原产地清泉镇，居有少数民族——畲族，至今还保留着"开耕节""分龙节""茶祖节"等茶事活动。

桂东人有"饭后一杯茶"的习惯，特别是饮酒后头目不清、语言不利时，可以茶醒酒。

2. 文艺作品

桂东客家采茶调，经民间收集、整理、传唱、改编，传承至今。采茶调集诗、歌、舞、剧于一体，有独唱和对唱，唱者常把农村生产生活中耳熟能详的事物融入其中，语言质朴，曲调抒情。

1987年，《郴州日报》发表了欧羡如的《玲珑茶赋》，转载如下，以飨读者：

桂东玲珑村，高卧群山之腰，松竹为伴，薄雾为帐，流泉为声，此地产茶，获国际之优质名茶奖。茶余兴起，作《玲珑茶赋》，以赠友人：

玲珑茶者，取其嫩尖，素手揉制，其艺之精，其工之巧，名冠远近。所制茶也，条索紧细，状若环钩，奇曲玲珑，锋苗秀丽。细察之，色泽绿润，钟南国之灵秀；纤毫显露，呈北宇之银辉。每冲泡开汤，杯水之中，景态万千：或冲腾而上，若群鹤之舞于中天；或飘逸而下，似玉虾之沉于沧海。少顷，茶香清高，芳气袭人，何也？飞瀑悬空，出于崇山峻岩之中；流清铺地，遁于青树翠蔓之间。为茶之水，晶莹澄净，清冽淳淳，又茶树为百花衬绿，群芳替清茶添香。烟云离合，雾雨迷蒙，故山青而茶绿，水秀而茶清，花艳而茶香。待清香入口，滋味非凡，馥郁持久，回味无穷。发提神醒脑之力，具清暑祛邪之功。痛饮数杯，则神志随之奋张，沉郁与之云散，烦劳为之顿失。倘高世之才，仁智之士，煮雪烹茶，古趣盎然，每转策回筹，出谋发虑，究研精微，去暗发明，亦赖其功也。

玲珑茶者，其形也奇，其色也秀，其香也馥，其味也醇，东比龙井，北齐君山。高山流水，有识茶者，曰：神品也！

图 8-14　玲珑茶杯中景观

3. 茶艺（解说词）

玲珑茶茶艺分为九道。

第一道：晶莹剔透玲珑美，佳茗妙器两相宜（备具）。

器为茶之父，相宜的茶具不仅能增添品茗的乐趣，也能充分发挥茶性。今天我们选用玻璃三才杯，三才杯蕴含"天、地、人"三才哲学理念，材质晶莹剔透，美观雅致，用以冲泡玲珑茶，可谓佳茗妙器两相宜。

第二道：水声石鼓天籁音，温具涤器素心洁（洁器）。

桂东沤江镇增口村勒里，怪石垒塞江中，百米不见水面，沤江水从巨石底下穿过，急流冲击，鸣声如鼓，数里可闻。茶乃天涵地育的灵物，要求冲泡器皿纤尘不染，水落杯中，玲珑有声，清洗过的杯具更显清澈明净，宛若清代黄由恭《水声石鼓》所云：

> 听水听风拄杖行，离山十里耳先惊。江流束作雷门势，地底迥来羯鼓声。
> 蛟虎斗酣波万顷，鱼龙梦醒月三更。渊渊金石谁堪拟，却忆当时祢正平。

当置身于自然的诗情画意中时，心神为之澄净，感悟纯洁与空灵，但愿这丝竹和鸣、清澈洁净的氛围能给心灵一片放飞的天空，让人获得一份如水的宁静。

第三道：静心烹煮甘泉水，碧洞飞烟意趣生（泡茶）。

择水十分重要，没有水的甘洌，就没有茶的芬芳。玲珑茶选用当地山泉水，泉自石流出，冬暖夏凉，四时不涸，清澈纯净，汲以煮茗味最佳。以甘泉沏玲珑茶，印证古人所云"烹茶于所产处无不佳，盖水土之宜也"。因玲珑茶芽叶细嫩，沏茶以85℃的水温为宜，轻启壶盖，水汽氤氲，袅袅而升，仿若"碧洞飞烟"（桂东奇景之一，位于四都镇角塘村）。传说，石洞口常有雾气涌出，不仅景观妙趣横生，且可占晴雨变化。清代郭宗鼎赋诗《碧洞飞烟》：

> 福地幽藏不记年，洞中瑞霭碧生烟。空蒙大泽深山气，指点占晴课雨天。
> 夏冷冬温殊节候，云销雾縠有神仙。分明不是桃源路，那得看花未许前。

那云雾缥缈的山洞，是神仙居所，还是人们向往的世外桃源？任凭您展开想象的翅膀。

第四道：精巧细致玲珑茶，曲径通幽智者勇（赏茶）。

玲珑茶采用高山优质芽叶，经精湛工艺制作而成。其外形玲珑奇曲，色泽翠绿，白毫显露，恰似桂东云雾笼罩、层峦叠嶂的山峦，奇曲之形宛若盘旋山道，亦如智者缜密细思，又似条条通向成功的曲径。

第五道：龙溪瀑布飞泻下，一泓秋水待佳茗（冲水）。

龙溪瀑布位于桂东新坊乡龙溪村，溪水自数十米高处飞流而下。遥看如白练悬空，又似银河倒挂，玉屑纷飞，雾气蒸腾，常令游人叹为观止。采用上投法冲泡玲珑茶，即先向杯中注水至七分满，以高冲水的手法向杯中注水时，水流直泻而下，不由让人联想起清代李承祺

图 8-15　茶艺表演

《龙溪瀑布》诗的意境，诗云：

> 百尺天绅挂翠微，玉渊光景想依稀。破空不辨银河色，立地浑忘大海归。
>
> 风定无人山自语，夜凉如水月争飞。词源倾倒同三峡，对尔苍茫试一挥。

玲珑杯中一泓清水，满怀期待，静候着佳茗的倩影。

第六道：玲珑仙子飘然落，玉女云鬟传佳话（投茶）。

在桂东这片灵秀的土地上，流传着许多美丽的传说。相传玲珑茶是一位美丽仙姑为造福勤苦村民所赐，沤江镇金洞村羊石坳山顶的"玉女云鬟"是张三丰在此修炼成仙离去时留下的盘结如鬟的三峰……种种动人神话，寄托了桂东人民对幸福生活的向往。玲珑茶飘然落入杯中时，不断地舒展盘旋，杯中呈现"游龙对水，漫天飘雪""天女下凡，抛珠撒玉"等奇趣景观，仿佛在讲述优美的传说，勾起人们无限的遐想。

第七道：敬奉香茗礼佳客，一片玲珑水晶心（奉茶）。

以茶待客，是中华民族的一种传统礼仪，现将冲泡好的茶敬奉给在座的各位，奉上这杯绿色有机的健康之饮，愿各位品之怡情清心，常饮益智增寿。

第八道：玲珑幻化生命意，天地相融和美境。（品茶）。

此刻，芽叶渐入杯底，杯中春意盎然。玲珑茶演绎的精彩片段，幻化了生命的沉重和轻盈。柔弱的芽叶，谱写出生命的辉煌，其香清幽弥久，其味鲜醇爽口，玲珑之韵自在其间。"一花一世界，一叶一乾坤"，茶人从一杯茶中能领略不同的人生感悟，玲珑奇曲，寓意人生的艰难，启迪智者的思考。试想携友相约桂东福地，或踏春，或避暑，或赏雪，且借一杯玲珑佳茗，栖神物外，游心浩渺，天地相融，该是一种何等美妙的享受！

第九道：玲珑情趣结奇缘，完美人生茶中品。（谢茶）。

谁能品此胜绝味？座中自有知茶人。细品手中这杯玲珑茶，您是否增添了对福地桂东的几分了解，对玲珑茶的几分喜爱呢？桂东茶人在弘扬中华茶文化的基础上，不断创新，赋予了玲珑茶"玲珑奇曲，完美人生"——充满哲理与趣味的品饮文化，将构成"完美人生"的重要因素——健康与智慧、爱情与婚姻、亲情与友情、奋斗与创业融入品茶活动，获得完美人生对物质与精神共同追求的诠释。愿天下热爱生活、追求健康的人们同饮玲珑茶，共享完美人生！

（解说词由桂东县玲珑王茶叶开发有限公司提供。）

八

品饮与健康

1. 品饮方法

桂东玲珑茶条索紧细卷曲，状若环钩，色泽隐翠油润，银毫显露闪光，香气高锐持久，汤色杏绿明亮，滋味醇厚鲜爽，叶底鲜绿嫩匀。泡茶器皿一般使用敞口或带盖的玻璃杯、瓷杯，或盖碗，冲泡方法有两种：

一是下投法：先将80℃左右热水倒入杯中，进行洁器和烫杯，稍摇动，使杯壁受热均匀，倒掉水后向杯中投入3克左右茶叶，大幅度摇动杯身4～5次，再闻其茶香（干香）。然后倒入85℃左右的热水冲泡，2～3分钟后，盖杯还可再闻其香气（湿香），无盖之杯即直接品饮。

二是上投法：一般采用盖杯，先向杯中注入85℃左右的热水至七分满，再投入3克左右茶叶，玻璃杯中可见卷曲的茶叶逐渐舒展，并慢慢下沉，可欣赏到茶叶的动态景观，约1分钟后，即可闻茶香，品其滋味。

当茶汤饮至三分之一处，再续水，直至茶味平淡。

2. 保健价值

据实测，桂东玲珑茶生化成分中，氨基酸含量为2.86%～3.23%，茶多酚含量为8.54%～30.12%，儿茶素含量为16.14%～18.05%，咖啡碱含量为2.48%～2.97%，水浸出物含量为

41.65% ～ 43.3%。 这些成分造就了玲珑茶独特的风味及功效。

据中医总结, 玲珑茶有七大功效:

一是消暑解渴。 这是玲珑茶最基本的功效, 使其成为受大众喜爱的天然饮品。

二是明目清热。 因其气味轻盈, 能循肝经达目, 易于上达头目, 消散蒙上之热; 其性凉, 凉则可泻热。

三是解毒利尿。 因其味苦, 其气可下行膀胱, 以助化气行水, 利水泻毒。

四是防睡抗眠。 因其性凉, 清沁爽神, 味又甘, 可振奋精神, 神清持久而不欲睡。

五是消食去腻。 因其性飘逸, 能升能降, 能合胃气之升降, 促胃气之运化。

六是去湿醒酒。 能散身热, 去湿, 湿去热散, 精神重见, 酒醉自醒。

七是气血通达。 修身养性, 人在品茶过程中情绪得以调理, 性情怡和开朗, 肝气流畅, 气血和达。

本章执笔 × 陈奇志

黄茶是中国六大茶类之一，岳阳市为"中国黄茶之乡"。"岳阳黄茶"是岳阳市靓丽的名片，也是"五彩湘茶"的组成部分。神秘的"闷黄"工艺，造就了岳阳黄茶独特的品质，黄叶黄汤，滋味醇和，回味甘甜。杏黄汤色，一杯在手忘荣辱；厚重典籍，万卷藏胸看古今。

六大茶类中，黄茶算是"小众茶"了，我国幅员辽阔，茶区面积广大，但黄茶产地屈指可数。岳阳市近年来高举复兴岳阳黄茶的大旗，取得了辉煌成就，市场兴起岳阳黄茶热。2011年，中国茶叶流通协会授予岳阳市"中国黄茶之乡"的称号。岳阳黄茶，既贴近生活，又价值丰富；消费者把它当成生活的伴侣，生产者靠它发家致富，企业家让它作为知名品牌的载体，历史学家把它视为文献记载的活化石，收藏家把它当成可以增值的古董，诗人发现它是一首愈陈愈香的古诗……

第九章

岳阳黄茶

一

产销历史

古郡数千年，智慧传承，有黄茶杰作；神州九万里，品牌推广，得今日美名。岳阳黄茶起源于唐代。岳阳是黄茶加工技术的发源地。[①]唐代刘禹锡《尝茶》描写了采茶、制茶和饮茶等情景，诗云：

生拍芳丛鹰觜芽，老郎封寄谪仙家。

今宵更有湘江月，照出菲菲满碗花。

刘禹锡笔下的"生拍"，就是岳阳黄芽（北港毛尖）加工的"拍汗"，即将杀青后的茶坯放入篾簸内，堆积拍紧，上覆棉布，保温保湿，闷黄 30～40 分钟，使茶叶回润变黄。

  邕湖含膏是岳阳黄茶的前身。唐代有邕湖茶的记载。

  唐贞观十五年（641），松赞干布迎娶文成公主。[②]出发时，文成公主带了一些她喜爱的书籍、日用品，以及陶器、纸、酒、茶叶等嫁妆，陪嫁的茶叶就是岳州"邕湖含膏"。

  李肇《唐国史补》载："风俗贵茶，茶之名品益众。……湖南有衡山，岳州有邕湖之含膏。"

  唐代杨晔《膳夫经手录》载："岳州邕湖所出亦少，其好者可企于茱萸簝。"

  宋代，上至宫廷官府下至平民百姓，饮茶之风盛行，不少茶区设置贡茶院，钻研制茶工艺，评比贡茶品质，使得茶类丰富，名茶迭出。当时的邕湖含膏已演变为"白鹤茶"和"黄翎毛"。

  宋代范志明《岳阳风土记》载："邕湖诸山旧出茶，谓之邕湖茶，李肇所谓岳州邕湖之含

---

① 陈奇志，赵丈田：岳阳茶文化，北京：团结出版社，2015 年。

② 次旦扎西：西藏地方古代史，拉萨：西藏人民出版社，2004 年。

膏也，唐人极重之，见于篇什。今人不甚种植，惟白鹤僧园有千余本，土地颇类此苑，所出茶一岁不过一二十两，土人谓之'白鹤茶'，味极甘香，非他处草茶可比并。""溋湖诸山"指岳阳南湖中的小岛和周边群山，溋湖茶是今日君山银针、北港毛尖等知名黄茶的前身。

对岳州黄翎毛的记述见于马端临的《文献通考》："独行灵草、绿芽、片金、金茗出潭州；大拓枕出江陵；大小巴陵、开胜、开卷、小卷生、黄翎毛出岳州；双上、绿芽、大小方出岳、辰、澧州。"

宋代，岳州（今岳阳市）已成为中国著名的茶区，是茶区十二州之一。岳州除巴陵（今岳阳县）、临湘产茶外，栽培区域已扩展至平江和湘阴。据《宋会要辑稿·茶号》载，南宋绍兴三十二年（1162），湖南八州府三十四县产茶1 180吨，其中岳州府所辖平江、临湘、华容、巴陵四县产茶501吨。

明代，岳州茶已有岳州之黄翎毛、岳州之含膏冷的记载。据明陈仁锡《潜确类书》载："潭州之独行灵草，岳州之黄翎毛，岳州之含膏冷，……此皆唐宋时产茶地及名也，见《茶谱》《通考》，以上为昔日之佳品。"

清代，岳阳黄茶有君山茶、北港茶、龙窖山茶。君山茶又有"尖茶"和"蔸茶"之分。把茶叶采回后进行"拣尖"，将芽头和叶片分开。芽头称"尖茶"，白毛茸然，纳作贡品，称"贡尖"；拣尖后剩下的叶片叫"蔸茶"，称"贡蔸"，不作贡品。

光绪《巴陵县志》载："君山贡茶，自国朝乾隆四十六年（1781）始，每岁贡十八斤。谷雨前，知县遣人监山僧采制一旗一枪，白毛茸然，俗呼白毛尖。""邑茶盛称于唐，始贡于五代马殷，旧传产溋湖诸山，今则推君山矣。然君山所产无多，正贡之外，山僧所货贡余茶，间以北港茶掺之。北港地皆平冈，出茶颇多，味甘香，亦胜他处。"这段记述说明了君山产茶的历史、进贡时间及数量，并阐明了溋湖茶即今君山黄茶和北港黄茶的前身。

图9-1 光绪《巴陵县志》中有关溋湖茶的记载

民国年间，岳阳茶业逐渐衰落，但岳阳茶树种植面积和茶厂数量仍居全省首位。据 1937 年《中国实业志·湖南卷》载：全省共有茶厂 184 家，其中岳阳 128 家（平江 84 家，临湘 36 家，湘阴 8 家）。

1938 年 4—6 月，侵华日军舰艇在洞庭湖上游弋，几次炮击君山寺庙，君山崇胜寺和尚、渔民逃往外地。君山岛变成了湖匪巢穴，君山茶园荒芜七年之久。

1945 年 8 月，日军投降后，君山岛重修庙宇，茶园逐渐恢复生机。君山采茶者多为渔民妇女，僧人传授其制茶技艺，在庙旁搭棚，砌灶安锅，芦苇烧火，手工杀青，炭火烘干。

吴素依游记散文《劫后岳阳游》（载 1947 年第二十一卷五月号《旅行杂志》，见图 9-2）记叙了君山试新茶的见闻："在沦陷期间，君山有时就成了湖上游击队的根据地；有时敌人也坐了小汽艇巡逻到山下。因此，山中除了少数以渔为生的渔民外，连和尚也都走了。君山茶的产量，过去就不怎么多。而荒芜七八年的茶山，今年的出产就更少了；据说只有二三十斤茶叶。方丈说茶叶大概作了某乡的教育经费，庙中只分得几斤茶叶作为待上宾之用。"

1950 年，中国人民解放军湖南省军区独立团派遣直属连（又称"生产连"）来君山种植茶叶，恢复黄茶生产。1952 年，湖南省农业厅、中国茶叶公司湖南分公司接替"生产连"开办茶叶示范场，新辟茶园 31.33 公顷。1958 年，茶叶示范场改名为"君山茶场"。

图 9-2 《旅行杂志》第二十一卷五月号封面

君山银针为岳阳黄茶的代表性产品。君山银针 1954 年后在莱比锡国际博览会及日本、印度尼西亚等国参展，受到多国人士赞赏，曾获莱比锡国际博览会金奖；1957 年，获"中国十大名茶"美誉；1972 年，成为中国政府代表团在联合国总部招待各国使节的首选茶叶；1988 年，参加中国首届食品博览会获金奖；2008 年，被商务部和外交部作为"国茶礼"赠送给俄罗斯总统普京，同年成功入选"奥运五环茶"之一。

1981 年，湖南省召开名茶评比会，评出"湖南八大名茶"，岳阳出产者占半数，其中黄茶有君山银针、北港毛尖，绿茶有临湘毛尖、华容毛尖。

二

产业发展现状

1. 概况

2022 年，岳阳市茶园面积 2.1 万公顷，茶叶总产量 3.5 万吨，其中黄茶产量 1.02 万吨，以岳阳黄茶带动的全市茶叶综合产值 70.6 亿元，共带动 6 万农户增收致富。

"岳阳黄茶"标准体系已建立，现行有效的湖南省地方标准 3 个，岳阳市茶叶协会团体标准 8 个（表 9-1）。

表 9-1　岳阳黄茶标准

标准名称	标准编号	标准类别
岳阳黄茶	DB43/T 769—2013	
地理标志产品岳阳黄茶 第 2 部分：加工技术	DB43/T 1858.2—2020	湖南省地方标准
地理标志产品岳阳黄茶 第 3 部分：标准茶园建设	DB43/T 1858.3—2020	
岳阳黄茶	T/YYSCX 001—2022	
岳阳黄茶加工技术规范	T/YYSCX 002—2021	
岳阳黄茶栽培技术规范	T/YYSCX 003—2021	
岳阳黄茶贮藏技术标准	T/YYSCX 004—2021	
岳阳黄茶 茉莉黄茶	T/YYSCX 005—2022	岳阳市茶叶协会团体标准
岳阳黄茶 君山银针	T/YYSCX 006—2022	
岳阳调味黄茶	T/YYSCX 007—2024	
岳阳黄茶机制茶加工职业技能竞赛规范	T/YYSCX 008—2023	

2. 品牌建设

2011年，第七届中国茶业经济年会上，岳阳市获评"中国黄茶之乡"。

2014年，"岳阳黄茶"地理标志证明商标注册成功，并获地理标志产品保护。

2015年，"岳阳黄茶"获意大利米兰"百年世博中国名茶金奖"。

2016年，"岳阳黄茶"获"湖南茶叶十大公共品牌"称号。

2017年，"岳阳黄茶"获"湖南省十大农业区域公用品牌"称号。

2018年，"岳阳黄茶"获"湖南十大名茶"称号。

2019年，"岳阳黄茶"进入中国农业品牌目录。

2021年，"岳阳黄茶"获评湖南茶叶乡村振兴"十大领跑品牌""最受岳阳市民喜爱的优质农产品区域公用品牌"；黄茶制作技艺（君山银针茶制作技艺）被列入第五批国家级非物质文化遗产代表性项目，并进入湖南省第一批传统工艺振兴目录，谷雨烟茶制作技艺被列入第五批省级非物质文化遗产代表性项目；平江县、岳阳黄茶、李昂东入选"百县、百茶、百人"茶产业助力脱贫攻坚、乡村振兴先进典型名单。

2022年，"岳阳黄茶"获评"湖南老字号"；我国申报的"中国传统制茶技艺及其相关习俗"成功列入联合国教科文组织人类非物质文化遗产代表作名录，黄茶制作技艺（君山银针茶制作技艺）作为重要组成部分位列其中。岳阳黄茶"君山银针"深受世界各国人民喜爱，成为中华文明与世界其他文明交流互鉴的重要媒介。

2023年，"岳阳黄茶"获评2023湖南茶叶"三茶统筹"示范品牌，并由农业农村部纳入2023年农业品牌精品培育计划。

岳阳市茶叶产业"十四五"发展规划已在《岳阳市农业农村现代化"十四五"规划》《岳阳市七大百亿产业发展规划》中整体发布。规划首次提出：将黄茶文化和岳阳城市营销、旅游品牌建设相结合，打造"中国黄茶之都"。

岳阳市委、市政府以"到2025年实现岳阳黄茶综合产值100亿元"为目标，

图9-3 "岳阳黄茶"证明商标

打造中国黄茶产业领航、岳阳黄茶企业集群、中国黄茶示范、中国黄茶品质、中国黄茶文化等5个发展高地。

3. 主要产销单位

截至 2022 年 12 月，获得岳阳市茶叶协会授权使用"岳阳黄茶"证明商标的单位，共有 25 家（排名不分先后），见表 9-2。

表 9-2 "岳阳黄茶"证明商标授权生产单位

单位名称	地址	级别
湖南省君山银针茶业股份有限公司	君山区	省级
湖南洞庭山科技发展有限公司（岳阳市洞庭山茶厂）	岳阳楼区	省级
岳阳县洞庭春纯天然茶叶有限公司	岳阳县黄沙街镇	省级
湖南省九狮寨高山茶业有限责任公司	平江县安定镇	省级
湖南省临湘永巨茶业有限公司	临湘市聂市镇	省级
湖南省明伦茶业有限公司	临湘市季台坡	省级
湖南兰岭绿态茶业有限公司	湘阴县文星镇	省级
华容县胜峰茶业有限公司	华容县章华镇	省级
岳阳黄茶产业发展有限公司	岳阳南湖风景区	市级
岳阳市屈原管理区君原黄茶专业合作社	屈原管理区凤凰乡	市级
岳阳市五星鸿农业科技开发有限公司	岳阳县荣家湾镇	市级
临湘市白石千车岭茶业有限公司	临湘市横铺乡	市级
湖南千盅茶业发展股份有限公司	汨罗市罗江镇	市级
岳阳市农业农村发展集团铁香茶业有限公司	湘阴县玉华乡	市级
湖南相悦茶文化传播有限公司	平江县安定镇	市级
湖南省幽吉茶业有限公司	平江县南江镇	市级
湖南省汨江源葛茶有限公司	汨罗市罗江镇	市级
湖南白云高山茶业有限公司	平江县福寿山镇	市级
湖南远山茶业有限责任公司	岳阳楼区洛王社区	市级
岳阳市妃情君山茶业有限公司	岳阳楼区	市级
湖南平云茶业有限公司	平江县安定镇	市级
岳阳岁贡十八茶业有限公司	城陵矶新港区	市级

单位名称	地址	级别
岳阳洞庭君岛茶厂	岳阳楼区	—
湖南省阜山青农业科技有限公司	平江县城关镇	—
湖南馨玥茶业有限公司	岳阳楼区	—
临湘万库里生态农业科技有限公司	临湘市坦渡镇	—
湖南省秋湖黄金茶业有限公司	平江县天岳开发区	—
湖南白寺茶叶有限公司	平江县城关镇	—

岳阳市省级农业产业化龙头企业有以下 8 家（排名不分先后）。

湖南省君山银针茶业股份有限公司位于国家 AAAAA 级旅游风景区。企业的经营理念是"品质为君，诚信如山"。2015 年君山牌君山银针获"百年世博中国名茶金骆驼奖"。"君山"品牌获评第六批"湖南老字号"。企业主产黄茶，产品有君山银针、君山秀峰、紧压黄茶、黄茶饮料等。

湖南洞庭山科技发展有限公司是国家知识产权优势企业、国家高新技术企业、"岳阳黄茶工程技术研究中心"依托单位，拥有十项茶叶发明专利。2010 年，"巴陵春"获评湖南十大茶品牌。公司在君山区旅游路兴建了巴陵春黄茶产业园（图 9-5），建设目标为智慧农业科技示范产业园、现代农业产业融合示范园区。公司领办或参股多家农民专业合作社，其中国家级农民合作社示范社一家。

图 9-4　君山黄茶产业园加工车间

图 9-5　巴陵春黄茶产业园

岳阳县洞庭春纯天然茶叶有限公司是国家高新技术企业、绿色食品基地（图9-6）。"洞庭春"为湖南名茶，岳阳十大名茶之一，由"一代茶师"、原湖南省农业厅高级农艺师刘先和、肖玲夫妇精心研制。

湖南兰岭绿态茶业有限公司是湖南长康实业集团旗下骨干企业，第一批全国农产品加工业示范企业。公司拥有全省首条全不锈钢名优茶自动生产线。"兰岭"品牌为第六批"湖南老字号"。

湖南省九狮寨高山茶业有限责任公司自有高山茶基地300多公顷，合作基地800多公顷。自有基地位于平江县连云山（图9-7）和福寿山。九狮寨高山茶获有机茶认证。2020年，"连云金针"获"岳阳十大名茶"称号。九狮寨高山茶园为2016年度全国三十座最美茶园之一。

图9-6　洞庭春茶园一角

图9-7　平江连云山的九狮寨茶业扶贫基地

湖南省临湘永巨茶业有限公司（图9-8）地处中国历史文化名镇聂市镇。公司为湖南省非物质文化遗产技艺传承单位、湖南省高新技术企业。"永巨"品牌为第六批"湖南老字号"。公司主打产品青砖茶，享誉海内外。2018年10月，上海伟仁投资（集团）有限公司收购临湘永巨，使之成为湖南伟仁永巨茶业集团公司的核心生产基地。2019年，公司启动万吨级洞庭青砖茶和岳阳紧压黄茶扩

图9-8　湖南省临湘永巨茶业有限公司

建提质项目，建设聂市河两岸观光茶园和百里洞庭茶谷走廊。

湖南省明伦茶业有限公司（图9-9）是全国民族特需商品定点生产企业、湖南省小巨人企业、湖南省高新技术企业。"明伦紧压黄茶"为岳阳十大名茶之一，手筑金花黄茶是其代表。

华容县胜峰茶业有限公司现有优质茶叶生产基地200多公顷（图9-10）。"胜峰"品牌为第五批"湖南老字号"。"胜峰黄茶"为岳阳十大名茶之一。

图9-9　明伦茶业加工厂区

图9-10　华容县胜峰茶园一角

4. 销售市场

1950—1984年，收购茶叶实行派购制度，君山银针和北港毛尖的收购价格和调拨计划均由国家制订。1984年以后，茶叶市场开放，内销日趋活跃。20世纪90年代，北港毛尖年产量最高时近100吨，主销湖南和湖北市场；君山银针产销量也成倍增加，前朝仅可供皇室，今日走进百姓家。

岳阳黄茶如今销往全国各地，君山银针主销大城市，紧压黄茶出口到俄罗斯、蒙古国。销售渠道有批发市场、品牌专卖店、互联网平台、超市、直销等。

岳阳茶博城位于岳阳市南湖新区湖滨大道，是岳阳黄茶集散中心，集交易、交流、展示、休闲、培训于一体，配套齐全，环境优雅，是极具魅力的茶叶市场，曾作为第一届、第二届中国（岳阳）黄茶文化节的主会场。此外，岳阳楼区的梅溪桥、茶巷子、观音阁，都是历史上有名的茶叶集散地。

图 9-11 "岳阳黄茶"冠名的高铁专列

图 9-12 岳阳黄茶批发市场——岳阳茶博城

品质特色

1. 产品分类及品质要求

根据鲜叶原料和加工工艺，岳阳黄茶分为散茶和再加工茶两大类。散茶有君山银针、岳阳黄芽、岳阳黄叶，再加工茶有岳阳紧压黄茶（包括紧压金花黄茶、黄茶薄片）。其中，君山银针是指由早春茶树单芽制成的针形黄茶，岳阳黄芽是指由茶树单芽或一芽一叶初展原料制成的黄茶，岳阳黄叶是指由茶树一芽一叶开展及一芽二叶到一芽多叶或对夹叶原料制成的黄茶，岳阳紧压黄茶是指采用岳阳黄芽或岳阳黄叶经蒸压成形的岳阳黄茶，岳阳紧压金花黄茶由岳阳黄芽或岳阳黄叶经蒸压、发花、干燥等工序加工而成。

根据原料嫩度和感官品质，君山银针和岳阳黄芽分为特级、一级；岳阳黄叶、岳阳紧压黄茶（包括紧压金花黄茶）分为特级、一级、二级；黄茶薄片分为特级、一级。

岳阳黄茶具有黄茶"黄汤黄叶"（干茶黄、叶底黄、汤色黄）的基本特征，又有鲜明的个性，见图9-13、图9-14、图9-15。各类、各等级岳阳黄茶感官品质见表9-3，理化指标见表9-4，这些指标均引自岳阳市茶叶协会团体标准 T/YYSCX 001—2022《岳阳黄茶》。

图9-13　岳阳黄茶（汤色）

表9-3 岳阳黄茶感官品质

种类和等级	项目								
	外形				内质				
	条索	整碎	色泽	净度	香气	滋味	汤色	叶底	
君山银针特级	针形，芽头饱满，肥壮，金毫显露	匀齐	黄润	净	清鲜持久	鲜醇回甘	杏黄明净	嫩黄明亮，100℃开水冲泡5分钟后，90%以上的芽头竖立杯中	
君山银针一级	针形，芽头较饱满，有金毫	较匀齐	黄较润	净	清香较持久	鲜醇回甘	黄较亮	黄较亮，100℃开水冲泡5分钟后，70%以上的芽头竖立杯中	
岳阳黄芽特级	芽头饱满，肥壮	匀齐	绿黄润	净	清高	醇厚回甘	绿黄明亮	肥壮，匀整，绿黄亮	
岳阳黄芽一级	芽头饱满，较肥壮	较匀齐	黄较润	净	清高	醇厚回甘	绿黄较亮	较肥壮，较匀整，绿黄较亮	
岳阳黄叶特级	条索紧细	较匀齐	绿黄较亮	较净	清香，较高长	醇厚较爽	绿黄较亮	尚软，尚匀整，绿黄较亮	
岳阳黄叶一级	条索较紧结	尚匀整	黄较亮	尚净	清香，尚高长	醇厚	黄较亮	尚匀，绿黄尚亮，有嫩梗	
岳阳黄叶二级	条索尚紧结	欠匀整	黄尚亮	尚净	尚纯正	醇和	黄尚亮	欠匀，黄褐尚亮，有嫩梗	
岳阳紧压黄茶特级	端正，表面较光滑，图案较清晰	—	绿黄或黄	净	清纯	醇正	黄较亮	较匀，软亮	
岳阳紧压黄茶一级	较端正，表面尚光滑，图案尚清晰	—	黄或褐黄	较净	纯正	醇和	黄尚亮	尚匀，尚柔软	
岳阳紧压黄茶二级	尚端正，表面尚光滑，图案尚清晰	—	黄或褐黄	尚净	纯正	平和	黄尚亮	欠匀，略粗老	
黄茶薄片特级	端正，薄片状	—	绿黄或黄	净	清纯	醇正	黄较亮	较匀，软亮	
黄茶薄片一级	较端正，薄片状	—	黄或褐黄	较净	纯正	醇和	黄尚亮	尚匀，尚柔软	
紧压金花黄茶特级	规整，棱角分明，内部发花茂盛，无杂霉菌	—	黄或褐黄	净	醇正	醇厚不涩	橙黄较亮	较匀	
紧压金花黄茶一级	较规整，棱角分明，内部发花普遍，无杂霉菌	—	黄或褐黄	净	醇正	醇和不涩	橙黄尚亮	尚匀	
紧压金花黄茶二级	尚规整，棱角分明，内部可见金花，无杂霉菌	—	黄或褐黄	较净	纯正	纯和，无涩味	橙黄尚亮	欠匀	

图 9-14 岳阳黄芽

图 9-15 岳阳紧压黄茶（茶饼、茶砖）

表9-4 岳阳黄茶理化指标　　　　　　　　　　　　　　　　单位：%

项目		指标			
		君山银针	岳阳黄芽	岳阳黄叶	紧压黄茶
水分	≤	7.0	7.0	7.0	9.0
总灰分	≤	7.0	7.0	7.5	7.5
碎茶和粉末	≤	2.0	3.0	7.0	—
水浸出物	≥	32.0	32.0	32.0	32.0

注：紧压金花黄茶还要求冠突散囊菌（CUF／克）≥ 20×10^4。

2. 历史名茶

君山银针、北港毛尖等岳阳历史名茶（传统黄茶）为中国黄茶的代表。

君山银针在玻璃杯中用开水冲泡，茶芽首先横卧水面，然后直立杯中，状如群笋出土，部分芽头有起有落，形成一幅变幻的立体风景画，极具观赏价值（图9-16）。杯中的立体画，杯杯不同，时时有变。

北港毛尖（图9-17）为岳阳黄芽的一种，外形卷曲、显毫，叶色金黄，内质汤色杏黄明净，香气清高，滋味醇厚，耐冲泡。

图 9-16　君山银针杯中景观

图 9-17　20 世纪 60 年代的岳阳黄茶北港毛尖包装

3. 创新黄茶

已获得发明专利的黄茶有：工艺花香黄茶、紧压晒青黄茶、紧压玫瑰黄茶、紧压菊香黄茶、紧压荷香黄茶、紧压金花黄茶等。

其他创新产品有：黄茶薄片、茉莉黄茶、桂花黄茶、袋泡黄茶、千两黄金茶、百两黄金茶、十两黄金茶、黄金柱、竹筒黄茶、黄茶工艺品、黄茶手撕饼、速溶黄茶、黄茶饮料、黄茶食品等。

工艺花香黄茶有类似乌龙茶的香气，茉莉黄茶、玫瑰黄茶、菊香黄茶、栀子黄茶、桂花黄茶则呈现黄茶和外源花卉的复合香气。

黄茶薄片为轻薄的茶片（图9-18），又名岳阳茗片。这款产品通过轻压（半紧压）技术，把散茶和紧压茶的优点完美结合，一泡即散，又耐储藏。一片一泡，方便旅途携带和冲泡。

"平平淡淡"黄茶饮料由湖南省君山银针茶业股份有限公司生产，主要原料是黄茶，辅以适量膳食纤维，不添加糖、香精、防腐剂。它有黄茶固有的甘甜、清爽，品饮方便、快捷。

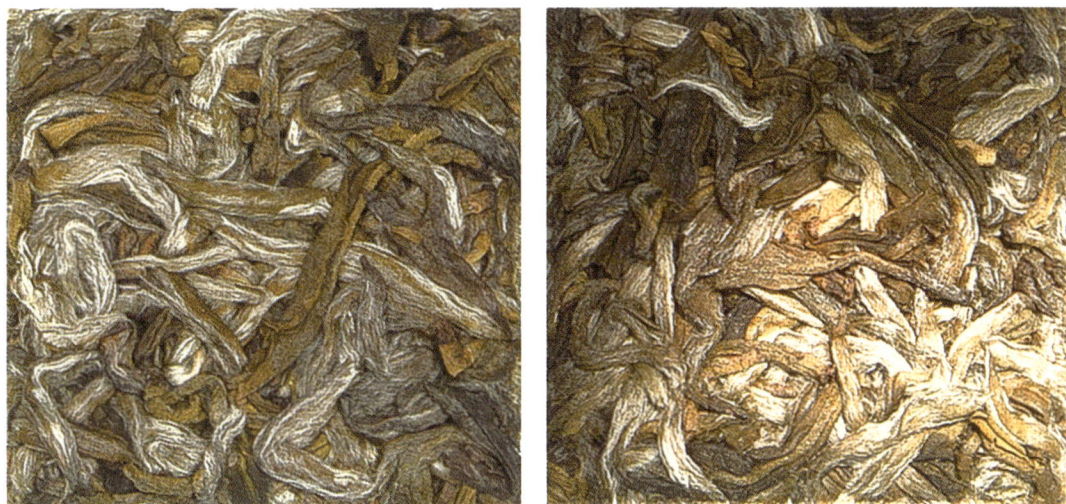

图9-18 黄茶薄片

四

产地生态环境

1. 产区地理分布

岳阳黄茶产于岳阳市境内茶区，位于北纬 28°25′33″ ～ 29°51′00″，东经 112°18′31″ ～ 114°09′06″。生产地域包括华容县、平江县、湘阴县、岳阳县、临湘市、汨罗市、岳阳楼区、君山区、云溪区、屈原管理区、岳阳经济开发区、岳阳南湖风景区（图 9-19）。

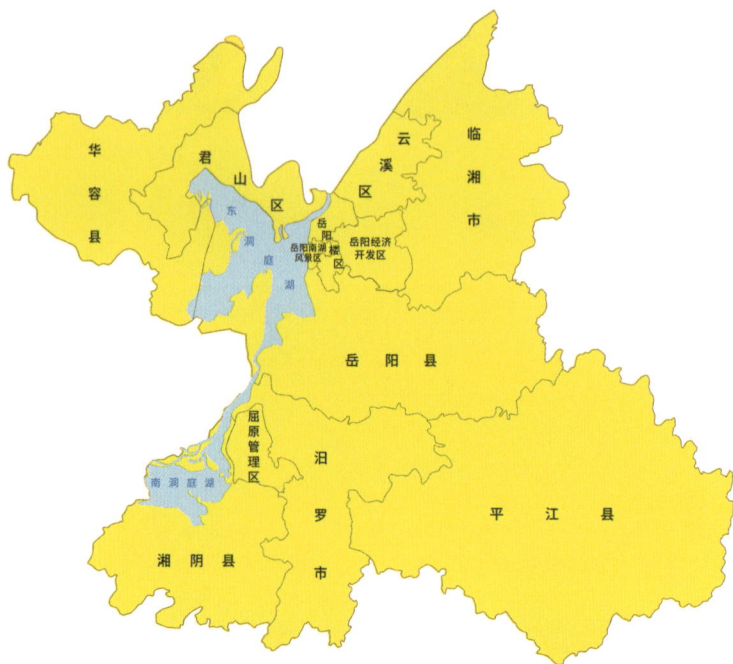

图 9-19　岳阳黄茶产区范围（黄色区域）

　　湖南十大名茶

岳阳南湖沿岸及北港流域是唐代潙湖茶的著名产地，陈奇志有诗云：

遍地珍丛绿染匀，南湖云雾隔扬尘。

溪横水涨疑无路，犬吠鸡鸣确有村。

但乞卢仝茶七碗，何须李白酒三樽。

沿途莺啭花含笑，却喜芳郊占尽春。

2. 产地气候条件

茶树生长季光、热、水充足。岳阳市处在东亚季风气候区，属湿润的大陆性季风气候。境内年均气温 16.4～17.0℃。极端最高气温 39.3～40.4℃，极端最低气温 -18.1～-11.8℃。水资源丰富，水域面积大，河流湖泊众多，水系发达，河湖密布，雨量充沛，年降水量 1 304.4～1 582.5 毫米，春夏降水量占全年的 69%～71%。年日照时数为 1 562.6～1 690.6 小时，日照百分率为 35%～38%，年无霜期 260～296 天。气候特征为严寒期短，无霜期长；春温多变，秋寒偏早；雨季明显。

3. 产地土壤与生物多样性

山区土壤适合种植茶树。境内耕地土层平均达 1 米以上，耕层疏松，通透性好，土质优良，有机质丰富。土壤类型以红壤最多，其次是山地黄壤、黄棕壤。红壤主要分布于海拔 500 米以下的山、丘岗地区，山地黄壤一般分布于海拔 500～800 米地带，黄棕壤分布于海拔 800 米以上地带。土壤一般呈弱酸性（pH 5.0～6.0）。

岳阳市植被属中亚热带常绿阔叶林，同时具备中亚热带向北亚热带过渡的特征，现有野生及栽培植物种类 2 000 余种，树木种类共有 95 科、281 属、800 余种，其中以壳斗科、柏科、松科、樟科、木兰科分布最广。平江县幕阜山及连云山区尚存天然针阔叶林植被群落，君山岛现存天然混交林。

五

鲜叶生产

1. 茶树品种（品系）

有性系良种：岳阳茶树群体种，包括幕阜山古茶树（图9-20）。

无性系良种：槠叶齐、尖波黄13号、保靖黄金茶1号等适制岳阳黄芽、岳阳黄叶，桃源大叶适制岳阳黄芽，中黄1号、中黄2号适制品种黄茶，君山银针1号适制君山银针、岳阳黄芽。

岳阳市有岳阳巴陵春、华容禹山等茶树品种试验基地（图9-21）。

2. 茶园培管技术

岳阳市茶叶协会制定了T/YYSCX 003—2021《岳阳黄茶栽培技术规范》。岳阳黄茶茶园要求重施有机肥，利用农业和生物措施防治病虫害。茶树种植过程中，在茶园管理、土壤肥力保持、田间操作、植物保护方面，符合GB/T 20014.12—2013《良好农业规范 第12部分：茶叶控制点与符合性规范》要求。近年来，茶叶专用有机肥、菌肥在部分茶园推广使用。

图 9-20　幕阜山龙头村古茶树

图 9-21　岳阳黄茶品种试验基地（局部）

（六）

加工技术

岳阳黄茶加工执行岳阳市茶叶协会团体标准 T/YYSCX 002—2021《岳阳黄茶加工技术规范》。

1. 原料要求

君山银针原料为茶树单芽。采摘十分讲究，有"九不采"之说：雨水芽不采、细瘦芽不采、空心芽不采、紫色芽不采、风伤芽不采、虫伤芽不采、病害芽不采、开口芽不采、弯曲芽不采。君山银针原料在清明前后三四天采摘，全为粗壮芽头，长25～30毫米，宽3～4毫米，芽柄长2～3毫米。

岳阳黄芽原料为茶树单芽或一芽一叶初展。

岳阳黄叶原料为茶树一芽一叶开展及一芽二叶到一芽多叶或对夹叶。

2. 加工技术

主要工艺流程有摊青、杀青、揉捻、闷黄、干燥等。加工君山银针不揉捻；机制岳阳黄芽、岳阳黄叶，岳阳市茶叶协会团体标准推荐增加"摇青"工序。

(1) 君山银针传统加工技术

1952 年以前，采茶人从茶园采回一芽二叶，回家后把芽头扳下（俗称"拣尖"）制成银针茶。1953 年起，采茶人直接从茶树上按一定标准采下芽头，省去"拣尖"程序。在加工方面，1952 年前，只闷黄一次，历时两昼夜，成品香气稍低闷。1953 年以后，闷黄分两次进行，效果较好。

工艺流程：杀青→初烘→初包→复烘→再包→足火。其中，闷黄 2 次，即初包、再包。

杀青：锅温保持 100℃左右，每锅可炒茶芽 250 克，两手握茶，以很轻快的动作向前翻炒（图 9-22），忌重扬和在锅内来回摩擦，经 5～6 分钟，茶芽发出清香时即可出锅。接着摊晾去杂，即以竹盘盛放已杀青的芽头，簸动十几下以散热。

初烘：将摊晾去杂后的茶芽立即上烘，用竹制圆烘盘（直径 0.5 米左右），上糊皮纸 2 层，烘灶用砖砌成，高 0.8 米左右，烘茶温度为 50℃。每盘烘茶坯 250 克左右，每隔 2～3 分钟翻一次，至五六成干时下烘，摊晾 1 小时左右。

初包：用皮纸将茶包好，放置约 24 小时使茶芽变为金黄色。

图 9-22　君山银针手工杀青

复烘：温度比初烘稍低，40～50℃，每隔5～6分钟翻一次，待茶叶到九成干时下烘。

再包：将复烘后的茶再用皮纸包裹，放置36小时左右，使茶芽继续变色。

足火：将经过复包的茶用竹圆盘置于灶上烘，温度降为35℃左右，至足干，下烘放置铁箱内紧密封藏。

（2）岳阳黄芽和岳阳黄叶的机制技术

工艺流程：摊青→摇青→杀青→初次闷黄→揉捻→初烘→复闷黄→干燥。

摊青：将选好的新鲜茶叶原料均匀摊置于竹盘、竹席或帘架式贮青和摊放设备上，摊叶厚度4.5厘米左右，摊叶量约4千克/平方米，摊青温度控制在25℃左右；待叶片由脆硬变得柔软、叶色由鲜绿转变为暗绿即可。

摇青：适用于一芽三叶以上的原料。将摊青处理后的茶叶进行3～5次摇青，每次摇青用力要均匀，转数20～25转/分钟，每次摇2分钟左右，每次摇青后用簸箕摊开静置还青0.5小时，再进行下一次摇青；待触摸鲜叶原料柔软有湿手感，叶色由青转暗绿，叶表出现红点，且青气消退、香气显露，即可结束摇青工序。

杀青：用滚筒式杀青机，杀青锅温为280～300℃，杀青至茶叶含水率50%～60%为适度。

初次闷黄：采用闷黄机或木箱闷黄，闷黄温度控制在32℃左右，时间1～3小时，幼嫩芽叶少闷，粗老茶叶多闷。

揉捻：将初闷后的茶叶投至揉捻机中揉30～60分钟，待茶叶成条率达70%～90%即可。

初烘：揉捻叶采用烘干机烘干，进风温度90～100℃，至茶叶含水率30%左右为适度。

复闷黄：初烘后的茶叶，采用闷黄机或其他闷黄设备进行复闷黄，至叶色全部转黄，时间20～40小时。

干燥：采用机械烘（炒）干，分低温长烘（炒）（70～80℃）和高温短烘（炒）（100～110℃）两种，烘（炒）至茶坯含水率7%以下。

（3）岳阳紧压黄茶加工技术

工艺流程：毛茶整理（精制）→拼配匀堆→称量→蒸压定形→干燥。

毛茶整理（精制）：应用拣剔、筛分、风选、色选等技术，去除各种非茶类夹杂物，对岳阳黄芽或岳阳黄叶的毛茶进行整理分级和归堆。

拼配匀堆：将整理后的茶叶打堆拼配。

称量：采用人工或自动称量。

蒸压定形：将称量好的茶叶放置在蒸茶器具中，利用蒸汽将茶叶蒸软后，倒入模具中进行压制，定形后冷却。

干燥：根据紧压茶的重量和形状，在烘房中烘至茶叶含水率 9% 以下。

七

名茶文化

1. 茶俗

客来敬茶，是湘北农村重情好客的礼俗。按照农村的习惯，在客人来到前，主人要把厅堂打扫干净，茶具用水煮沸。客人来到后，在铜壶中添上洁净的山泉水，用柴火烧开。茶叶都是本地产的清明茶，挑最好的黄茶来招待客人。

农村青年结婚少不了"结婚茶"。婚宴上敬给客人的是红糖茶，有的加入上等熟黄豆，寓意夫妻之间甜甜蜜蜜、和和睦睦；有的加红枣或花生仁，红枣寓意"早生贵子"，花生仁寓意"富贵多子"。有的地方行"拜茶"。堂屋正中摆着一长排木桌，男女双方的长辈和亲戚按辈分入座，新郎、新娘抬着茶盘依次敬茶，饮者饮完后，给以茶钱（钱放茶碗内），直系亲属多一些，旁系少一些。

椒子茶是岳阳人特有的饮茶习俗。客人来了，主人用茶盅冲泡一杯洗水黄茶，同时加入几颗花椒，用茶盘端茶递与客人。洗水黄茶、平江烟茶具有黄茶"三黄"的基本特征，叶底可咀嚼食用。

平江人品饮烟茶，常在茶中添加花椒，喝起来别有风味。

2. 专著

1999 年以来，岳阳黄茶专著陆续面世。

《君山茶文化》是第一本岳阳黄茶专著，岳阳黄茶著作还有《君山银针》《岳阳黄茶》《巴陵春茶文化》《岳阳黄茶知识》《岳阳茶文化》《中国名茶君山银针》《茶乡写意》《君山黄茶风云》《黄茶制作技艺（君山银针茶制作技艺）》《岳阳黄茶宝典》《岳阳茶业四十年》等。

3. 君山银针茶艺（解说词）

洞庭天下水，岳阳天下楼；君山天下秀，银针天下茶。君山银针为中国十大名茶之一，清代为皇家贡品，今日走进了寻常百姓家。君山银针茶制作技艺作为"中国传统制茶技艺及其相关习俗"的一部分，已被列入联合国教科文组织人类非物质文化遗产代表作名录。今天让我们一起欣赏岳阳黄茶"君山银针"茶艺，共同领略人类非遗代表作的风采。

第一道：活火烹泉。

柳毅井中水，洞庭山上茶。让我们取名泉，沏贡茶。茶文化研究先辈王威廉先生写过一副对联"柳井有泉好作饮，君山无处不宜茶"，把柳毅井水和君山黄茶有机联系起来，说明君山岛最宜种茶，柳毅井水与岳阳黄茶是绝配。

第二道：洁手净心。

泡茶之前先用净水洗手，把尘世繁事暂且放下，真切体验黄茶中所蕴含的中庸之道，进入超凡脱俗的境界。

第三道：千金出山。

许多土产出巴陵，贡品银针味最醇。一自当年评奖后，至今身价重千金。让我们一起欣赏这身价重千金的君山银针。君山银针，全由芽头组成，芽头饱满重实，色泽金黄。每个芽头都有 2～3 毫米长的芽柄，它是形成君山银针杯中景观的基础。

第四道：巴陵春暖。

现在用开水烫洗玻璃茶杯，提高杯温。冲泡君山银针的茶杯选用透明玻璃杯，玻璃杯洁白无瑕，晶莹剔透，给人以美感。玻璃杯能透视杯中茶芽景观，黄亮的汤色，舞动的茶芽，相互衬托，相得益彰。

第五道：万顷春声。

我们采用悬壶高冲的技法，利用水的冲力让茶芽翻滚湿透，开水冲至杯身的四分之三处，杯中雾气升腾，有如"气蒸云梦泽"。清代文学家王文治写有《登岳阳楼》一诗：

> 万顷春声卷浪花，孤舟晚泊天之涯。
>
> 岳阳楼头无事坐，洞庭水试君山茶。

这沏水之声，让人联想起洞庭湖的"万顷春声"。

第六道：春眠静卧。

盖上玻璃杯盖，银针茶静卧水面，似乎"春眠不觉晓"。

第七道：雀嘴含珠。

芽尖产生气泡，芽尖如雀鸟之喙，气泡似晶莹剔透的珍珠。

第八道：白鹤飞天。

移去杯盖，一缕轻烟似白鹤腾起。湖上香从岛上来，杯中雾起鹤飞开。他年我若编茶谱，列作人间第一牌。

第九道：三起三落。

茶舞杯中，有起有落，机理何在？有诗赞美君山银针的神奇之处：

> 且煮清泉慢自斟，沉浮杯底美银针。
>
> 虽经泡浸身尤立，留得芳名说到今。

人生如茶，沉浮随意，沉时坦然，浮时淡然，拿得起也要放得下，自能品出生活的滋味。

第十道：春色满园。

茶芽直立于杯底，诗人喻为"春笋出土"，书法家看作"万笔书天"。

第十一道：林海涛声。

轻摇茶杯，茶芽摆动，林海涛声，隐约可闻。

第十二道：品茶悟道。

中国茶学界泰斗、湖南农业大学施兆鹏教授品赏君山银针后感言：

嫩香、毫香、焖栗香，三香合一；

爽味、毫味、甜和味，三味融通；

芽色、水色、金玉色，三色相映；

水动、气动、茶芽动，三动互舞；

茶性、水性、人之性，三性融和。

君山银针，传承技艺，匠心制作，世界非遗。表演结束，谢谢！

图 9-23　君山银针茶艺（李琼芳表演）

4. 诗词曲联

　　有关岳阳茶的文学作品，可以追溯到先秦时代。屈原，战国时期楚国诗人、政治家，被誉为"中华诗祖""辞赋之祖"，其《楚辞》最早记载了湖南饮用花椒茶的习俗。

　　唐代，刘禹锡的《尝茶》提示了岳阳黄茶加工的起源；诗僧齐己的《谢㶚湖茶》让"㶚湖含膏"名传遐迩。元代，李德载的《阳春曲·赠茶肆》反映了岳阳茶馆的兴盛。宋代，方暹的《仙人桥石刻》记载了平江人吃茶的习俗。清代，王文治的《登岳阳楼》描绘了"岳阳楼头无事坐，洞庭水试君山茶"的场景；高爵尚的《洞庭竹枝词》描述了君山茶农在谷雨前后采茶的繁忙景象；吴敏树的《我爱君山好五首和伯乔》赞美了"君山土物"斑竹和君山茶；姚登瀛的《毋自欺斋诗稿》收录了《拣茶竹枝词》《康公古渡》《茶歌晓唱》等多首茶诗，再现了临湘茶区产销两旺的茶事场景（图9-24）。民国时期，张南溪的《大美茶楼》楹联记叙了"数千客上下往来"的茶馆盛况。

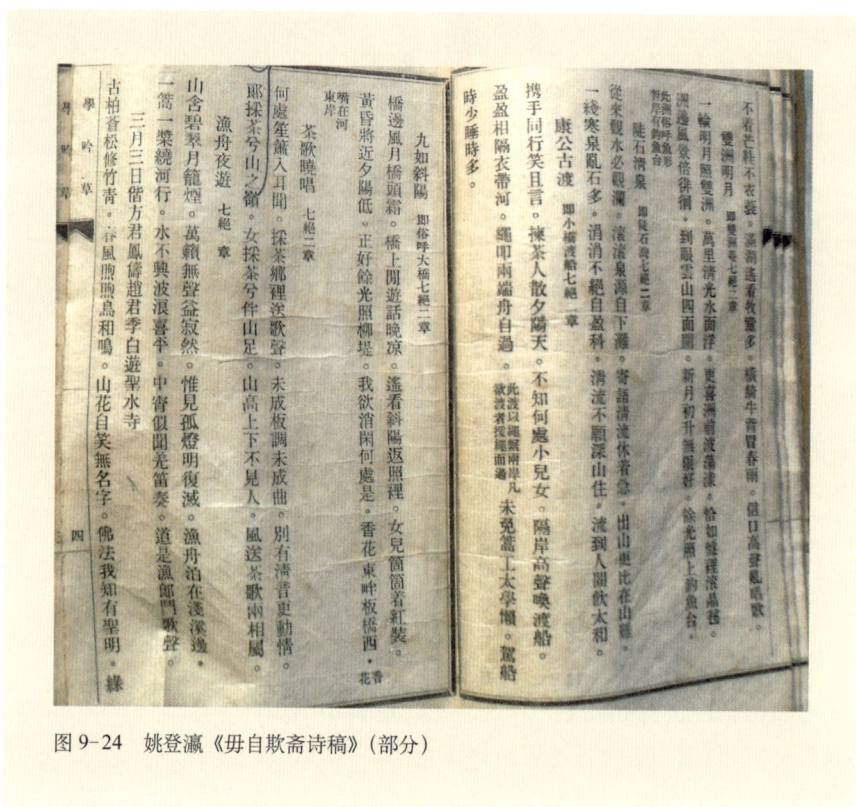

图9-24　姚登瀛《毋自欺斋诗稿》（部分）

近年，岳阳市有关部门多次征集岳阳黄茶诗词联赋和书法绘画作品，丰富了岳阳黄茶文艺宝库。

5. 歌舞

《黄茶缘》由巴陵春茶业组织创作，在第九届中国茶业经济年会暨首届中国（岳阳）黄茶文化节首演，邹当荣、谭圳作词，谭圳作曲。作者以文成公主选用湄湖含膏茶作嫁妆的典故为创作背景，感叹品尝到黄茶是一种缘分：

> 吐蕃突厥的铁骑，踏上和平的土地；盛世大唐的霸气，和谐成传奇。
>
> 我月下抚琴邂逅你，意外的惊喜；巴陵春天黄茶缘，一切皆天意。
>
> 黄叶黄汤的美丽，你轻舞羽衣；回味甘甜的口感，油然如昨昔。

《岳阳黄茶香》由岳阳市茶叶协会牵头组织创作，郑峰、杨岳楼作词，杨岳楼作曲。歌词蕴含哲理，令人回味无穷：

> 山水怀忧乐，黄茶饮健康，风过茶山风亦醉，梦饮黄茶梦亦香，源远流长茶乡情，岳阳黄茶香。

《故乡醉美是黄茶》由本土当红说唱歌手廖思扬、程扬演唱，岳阳市茶产业办、岳阳广电新媒体中心联合出品，在2020年5月21日首个国际茶日推出。歌词大意是：一个漂泊在外的游子，常常思念故乡，思念父母，父母要我沏上一壶家乡的黄茶，不负韶华再努力，重新出发。

《黄茶迎客来》舞蹈（图9-25）拉开了湖南省第十四届运动会（2022年9月8日）开幕式的序幕，黄茶作为岳阳元素，闪亮登场。几百名舞蹈演员千般袅娜，万般旖旎，组成的"君山银针"轻灵闪现，似根根茶芽在晶莹剔透的杯中舞动，气势磅礴，给观众带来一场视觉盛宴。

图 9-25　大型舞蹈《黄茶迎客来》

图 9-26　大型舞蹈《黄茶迎客来》（局部）

八

品饮与健康

1. 品饮方法

(1) 君山银针的冲泡

君山银针用杯泡法，采用透明玻璃杯，方便欣赏杯中的动态景观。

一是茶水分离玻璃杯泡法。

温具：用85℃水将泡茶杯温烫一遍。

投茶：按4∶150的茶水比投茶。

冲泡：将85℃ 150毫升的泡茶用水注入杯中。第1次冲泡35秒，然后出汤到公道杯中，再分杯。第2～4次冲泡35秒，第5次冲泡40秒，第6次冲泡45秒，以后每泡增加10秒，直至茶汤颜色和滋味明显变淡，不再出汤，在茶水分离玻璃杯中观赏杯中景观，也可将茶水和银针茶一起倒入另一适合观赏杯中景观的玻璃杯中。

二是敞口玻璃杯泡法。

冲泡品饮，在同一玻璃杯中进行，此为便捷型冲泡方法。

投茶：按1∶50左右的茶水比投茶，品饮者可根据自己对茶汤浓淡的喜好灵活调整茶水比。

冲泡：将85～100℃的泡茶用水注入至杯的七八分满。观赏杯中景观后，茶水适当放凉后即可饮用。当茶汤饮至剩余三分之一时再续水，直至茶味平淡。

(2) 岳阳黄芽、岳阳黄叶的冲泡

岳阳黄芽、岳阳黄叶，用盖碗或飘逸杯冲泡。

一是盖碗冲泡法。

温具：用沸水将盖碗、公道杯、茶漏、品茗杯温烫一遍。

投茶：投 4 克茶到 150 毫升盖碗中。

冲泡：将 90℃泡茶用水注入盖碗中，一定时间后将茶汤经过茶漏倒入公道杯中，然后分入品茗杯中，再续泡。出汤时间分别为：第一泡 30 秒；第二泡 25 秒；第三泡 30 秒；此后每泡延长 10 秒，直至茶味平淡。

二是飘逸杯冲泡法。

温具：用沸水将飘逸杯套组、品茗杯温烫一遍。

投茶：投茶 3 ～ 5 克进内胆。

冲泡：将 90℃左右的泡茶用水注入飘逸杯中，一定时间后拿出内胆，将茶汤分入品茗杯中，再续泡。出汤时间分别为：第一泡 30 秒；第二泡 25 秒；第三泡 30 秒；此后每泡延长 10 秒，直至茶味平淡。

（3）紧压黄茶的冲泡

紧压黄茶可用盖碗或蒸汽壶冲泡。盖碗冲泡方法便捷，泡出的茶汤品质较好。

温具：用沸水将盖碗、公道杯、茶漏、品茗杯温烫一遍。

投茶：按 1∶50 的茶水比投茶。

润茶：将沸水注入盖碗中，5 秒左右将润茶水弃去。

冲泡：将沸水注入盖碗中，一定时间后将茶汤经过茶漏倒入公道杯中，然后分入品茗杯中，再续泡。出汤时间分别为：第一泡 60 秒；第二泡 20 秒；第三泡 25 秒；第四泡 30 秒；此后每泡延长 10 秒，直至茶味平淡。

2. 贮藏

黄茶较绿茶更易保存。在符合 GB/T 30375—2013《茶叶贮存》的前提下，君山银针、岳阳黄芽在常温下的保质期为 36 个月，岳阳黄叶、岳阳紧压黄茶（包括紧压金花黄茶、黄茶薄片）在常温、干燥、无异味条件下可长期保存。紧压黄茶在一定年限内，岁月更替，品饮价值不降反升，滋味更加醇厚，紧压黄茶兼具饮品、工艺品和收藏品的特性。

3. 保健价值

中国工程院院士、湖南农业大学博士生导师刘仲华教授和他的科研团队，采用现代先进的仪器分析技术，通过细胞模型、基因模型、动物模型结合的方法，选取有代表性的岳阳黄茶（君山银针和巴陵春黄茶）进行研究，发现其富含多种营养成分和活性功能成分，有着独特的保健功效。刘仲华院士总结岳阳黄茶四大功效：养颜、养胃、润肺、降糖。

湖南农业大学茶学教育部重点实验室欧阳建等人展开黄茶调节脂质代谢与肠道菌群关系的研究，证实岳阳黄茶可以提高肠道紧密连接蛋白的表达，缓解肠道局部炎症和代谢性内毒素血症，改善肠道微生物的结构组成，促进有益菌的增殖，降低与肥胖相关有害菌的增长和全身慢性炎症，显著改善脂质代谢紊乱，从而有效预防高脂饮食诱导的肥胖。

本章执笔 × 袁乐成　袁正伟

桃源红茶产于桃源县。桃源县因千古名胜桃花源而得名，自古有"人间仙境、世外桃源"之美誉，为红茶良种桃源大叶的原产地。桃源大叶产量高，品质好，抗逆性强。以桃源大叶为原料加工的桃源红茶，花蜜香，甘鲜味，传承"湖红工夫"，清末民初便风靡全球。

桃源红茶

桃源红茶·1865·

一

产销历史

桃源县产茶历史悠久，据湖南农业大学施兆鹏教授考证，先秦时期司马错平楚地的蛮溪时，屯兵桃源境内，发现用"苦羹"（擂茶的前身）可疗疾。《桃源县志》载：2 000年前，东汉光武帝派伏波将军马援征五溪蛮，用"三生汤"（茶）除瘴气。西晋《荆州土地记》载："武陵七县通出茶，最好。"桃源即为武陵郡的属县之一。

桃源紧邻云贵高原茶树原产地，县域南部的雪峰山地带，野生茶树资源丰富，自古就有选用野生优良茶树丛植的习俗。北宋时，桃源绿茶颇负盛名。元代，桃源产黑茶，其质颇佳，商人将其运往湖北沙市，转售蒙藏。明代，桃源茶叶生产迅猛发展。崇祯三年（1630），兵部尚书张镜心游桃花源，雅兴大发，作《桃花洞六绝》诗：

> 八月桃花不见花，沿溪何处觅渔槎。
> 山容淡荡惟秋水，流到人间作野茶。

《桃源县志》载："惟南乡近安化界产者颇佳。每夏茶商至邑，区为三等：沉溪一带为上，杨溪一带次之，水溪一带则下矣。各溪只隔一山，而味迥殊……"

清道光二十年（1840），在今桃源县沙坪镇乌云界村落户的安化人刘凝明，联合邻近安化的多家茶户成立"同德堂"（图10-1），与山西茶商共定茶规、互利互惠，促进了桃源茶叶贸易的繁荣。

清咸丰七年（1857），有闽粤赣茶商来桃源设庄收购鲜叶，试制工夫红茶成功，接着就地办厂扩产，沙坪所制红茶始销欧洲和西亚。同治四年（1865），桃源沙坪开埠运销红茶，因桃源生产的红茶香高味浓，品质与建茶有明显差异，故以"湖红工夫"茶名出口，桃源红茶由此盛行。

图10-1 同德堂茶行牌匾（左）和湖南省桃源茶厂内碑亭（右）

民国时期，茶叶仍为桃源的主要特产。1915年，桃源县郑家驿宝大隆兴茶号产制的红茶获得巴拿马万国博览会乙级名誉奖章。1916—1917年，受第一次世界大战影响，桃源茶叶生产衰落。1921年前后，桃源茶叶生产逐渐恢复。1926年，苏联茶商在上海、武汉一带高价收购茶叶，桃源年销十余万箱茶叶，每箱可售银币百元左右。1927年，桃源茶价上浮，茶业走向兴盛。1935年，桃源茶园发展到2 287公顷，年产茶570吨。

1942年，太平洋战争导致海运受阻，中国茶叶公司将出口红茶转内销。是年，桃源只收购红茶11.7吨。1943年春，日本侵略军进逼常（德）桃（源），受战祸影响，桃源50千克好茶只能换取大米90～180千克，茶农无法以种茶维持生活，只能任茶园荒芜。1948年，全县仅产红茶10吨。1949年，全县茶园面积2 973公顷，但采摘茶园仅1 240公顷，茶叶总产量510吨。

桃源县于1901—1947年共出口红茶290 156箱，每箱约33千克，共9 575吨。

为恢复和发展茶叶生产，1951年，常德地区行政专员公署在县内沙坪兴办利农茶厂。1952年，县供销合作社发放茶园贷款2万元，开始着力恢复桃源茶叶生产。1954年，县人民政府设茶叶生产办公室，加强对茶叶生产的领导。茶叶产区的区、乡设采购组，全县茶叶生产逐步发展。这一年，推广绍兴式揉茶机30台、水力揉茶机6台、烘笼903个。截至1956年，全县共推广揉茶机150台（其中水力揉茶机58台）。

1955年，对外贸易部、湖南省茶叶公司联合在本县沙坪创建湖南省桃源茶厂（图10-2），直属中央。当年桃源茶厂正式投产，主产工夫红茶和红碎茶。1957年，全国红碎茶技术实验

图10-2 湖南省桃源茶厂厂门（左）和茶仓（右）

与推广会在该厂召开，苏联专家组组长贝可夫与专家苏里诺夫来厂参观。1960—1962年，越南政府先后两次组团来桃源茶厂参观。1955—1987年，该厂累计运销红茶3.37万吨，其中出口2.26万吨。1988年，该厂制湖红工夫茶1 248吨，创外汇748万元，是当时桃源县创汇最多的国有企业。此后，因其体制不适应国内外茶叶市场日趋激烈的竞争形势，企业开始走下坡路，1994年，企业被迫关停。

桃源大叶茶树良种是从当地野生群体品种中经单株选育发展起来的，经鉴定，该茶树与云南乔木型大叶茶有亲缘关系，其内含物优于乔木型大叶茶种。湖南农业大学于1987—1989年连续三年通过蒸青样生化分析，研究发现桃源大叶春、夏、秋三季平均水浸出物含量为44.18%，茶多酚含量为25.5%，儿茶素总量为182.43毫克/克。1992年12月，经省农作物品种审定委员会审定，桃源大叶被定为全省地方优良推广品种和湖南省茶叶发展主导良种。

桃源红茶主选桃源大叶良种作为加工原料。1984年，县茶树良种站卢万俊等人用桃源大叶良种茶试制的陆洞春红碎茶（3.5吨）参加澳门秋季商品展销会，一位德国茶商以高于其他出口茶一倍多的价格抢购了陆洞春红碎茶，并提出长期订货要求。

桃源县尧河茶厂于1983年开始生产红碎茶，2007年后生产工夫红茶（用于出口），每年生产、加工红茶1 000吨以上，最高年份达1 500吨。

桃源县现已成为鄂、黔、川、浙、湘等省份精制茶加工集散地和大湘西地区最大的茶产品生产交易中心。

二

产业发展现状

1. 概况

2022 年，桃源县茶园面积 12 933 公顷，茶叶总产量 6.86 万吨，其中红茶产量 2 万吨，产值 10 亿元。 以桃源红茶为主的全县茶叶综合产值 45.7 亿元，共联结带动了 10 万农户增收致富。2021 年，桃源县授权使用"桃源红茶"农产品地理标志的经营主体茶园生产面积 2 870 公顷，占登记面积的 61.1%，年生产红茶 7 694 吨，年产值 3.99 亿元。2021 年，桃源县获湖南茶叶乡村振兴"十大重点县（市）""湖南红茶产业发展先进县""中国 2021 年度茶业百强县"

图 10-3　桃源县茶庵铺镇松阳坪茶园

称号。2022 年，桃源县获湖南茶叶乡村振兴"十大茶旅融合示范县"、"中国 2022 年度茶业百强县"和全国"首批红茶重点产区"称号。

2．品牌建设

2009 年，"桃源大叶茶"地理标志证明商标注册成功。

2016 年，"桃源红茶"获农产品地理标志登记，被列入国家地理标志产品保护名录。

2018 年，"桃源红茶"获"湖南十大名茶"称号，桃源县被列为湖南红茶制作技艺（湖南工夫红茶制作技艺）保护基地县。

2020 年，"桃源红茶"在第十二届湖南茶叶博览会上被评为湖南茶叶"精准扶贫十大区域公共品牌"，被常德市农业农村局授予"2020 年度常德十大农产品品牌"。

2021 年，"桃源红茶"获评湖南茶叶乡村振兴"十大领跑品牌"。

2022 年，桃源县茶叶协会、桃源县农业农村局组织编写的《桃源红茶》出版，这是桃源红茶品牌建设的里程碑，具有很高的学术价值。

2022 年，据《2022 中国茶叶区域公用品牌价值评估报告》，"桃源大叶茶"品牌价值为 11.86 亿元，"桃源红茶"品牌价值为 5.77 亿元。

"桃源红茶"现已融入"湖南红茶"省域公用品牌体系，为其子品牌之一。

图 10-4　桃源红茶标志

3．主要产销单位

截至 2021 年 12 月 31 日，获得桃源县经济作物站授权使用"桃源红茶"农产品地理标志的企业、合作社有 31 家（表 10-1）。

表10-1　桃源红茶农产品地理标志第一、二批授权使用的生产单位

单位名称	地址	级别
湖南古洞春茶业有限公司	茶庵铺镇	省级
湖南百尼茶庵茶业有限公司	茶庵铺镇	省级
桃源县君和野茶开发有限公司	漳江街道	省级
湖南省桃源县湘北茶叶有限公司	漆河镇	市级
常德市匠者茶业有限公司	杨溪桥镇	市级
常德春峰茶业有限公司	杨溪桥镇	市级
桃源县岩吾溪茶业有限公司	杨溪桥镇	市级
湖南益峰尖茶业有限公司	观音寺镇	市级
湖南神仙界生态茶业有限公司	郑家驿镇	市级
常德龙茗茶业有限公司	西安镇	市级
桃源县夷望溪茶业有限公司	茶庵铺镇	市级
桃源县金阳茶业有限责任公司	架桥镇	市级
桃源县霞峰茶叶专业合作社	茶庵铺镇	—
桃源县邹家山茶叶专业合作社	茶庵铺镇	—
桃源县仙池界茶叶有限责任公司	杨溪桥镇	—
常德市乌云界生态茶叶专业合作社	茶庵铺镇	—
桃源县茶庵铺镇舒氏兄弟茶厂	茶庵铺镇	—
湖南松源茶业有限公司	茶庵铺镇	—
桃源县松林土特产销售部	茶庵铺镇	—
桃源县雁群茶业有限公司	凌津滩镇	—
桃源县茶庵铺镇千茗茶厂	茶庵铺镇	—
桃源县茶庵铺镇春玉销售部	茶庵铺镇	—
湖南茶庵源茶业有限公司	茶庵铺镇	—
湖南湘南茶业有限公司	茶庵铺镇	—
桃源县长岗茶叶专业合作社	茶庵铺镇	—
桃源县吉昌茶叶专业合作社	茶庵铺镇	—
常德铭睿茶业有限公司	茶庵铺镇	—

单位名称	地址	级别
桃源县紫檀茶叶专业合作社	浔阳街道	—
桃源县锅耳墒茶叶专业合作社	茶庵铺镇	—
湖南刘老树茶业有限公司	沙坪镇	—
桃源县饮春茶叶有限责任公司	西安镇	—

资料来源：桃源县经济作物站。

生产桃源红茶的省级农业产业化龙头企业有 3 家（以下排名不分先后）。

湖南古洞春茶业有限公司集茶叶科研、良种繁育、茶叶种植、生产加工、新产品研发、市场营销、电子商务为一体，是中国茶叶百强企业，国家高新技术企业。公司拥有茶园基地 733 公顷，厂房面积 1.1 万平方米，制茶设备 306 台（套），生产线 3 条，年产量达 3 000 多吨（图 10-5）。"古洞春"于 2016 年被认定为"湖南老字号"。

桃源县君和野茶开发有限公司位于国家级自然保护区乌云界，地处桃源"屋脊"牯牛山。公司开发高山野茶 257 公顷，新建高标准优质茶园基地 68 公顷。公司主产桃源红茶，年加工能力 100 吨，高标准加工厂房 1.04 万平方米（图 10-6），有红茶生产加工线 3 条。公司的"君和"品牌获 2020 年湖南茶叶"精准扶贫企业品牌"，公司获评 2021 年湖南茶叶乡村振兴"十大领军企业"。

图 10-5　湖南古洞春茶业有限公司茶叶产业园

湖南百尼茶庵茶业有限公司位于千年茶乡——茶庵铺镇。百尼茶庵茶叶产业园占地4公顷，建筑面积超4万平方米，年加工能力1.3万吨。公司自有大叶种良种茶园213公顷、高山有机茶园67公顷（图10-7），合作社茶园400公顷。2016年，公司获评"中国茶叶行业综合实力百强企业"。2020年，公司获湖南茶叶"精准扶贫十佳企业"称号。

图10-6　桃源县君和野茶开发有限公司茶叶加工厂房

图10-7　湖南百尼茶庵茶业有限公司马坡岭有机茶园基地

4.销售市场

桃源县开展桃源红茶"五进"（进机关、进校园、进茶楼、进宾馆、进企业）活动，倡导桃源人喝桃源茶，扩大本地销售市场占有份额。自2016年起，桃源县每年举办桃源红茶节和富硒博览会。2022年，桃源红茶冠名广州铁路局CRH 380B 高铁（图10-8），以长沙为中心，依托京广、沪昆、沪汉蓉高铁等线路，覆盖长江中下游12个省会城市群，借此打造桃源红茶新市场。此外，通过"互联网＋茶"、直销店、经销店、超市等渠道，桃源红茶销往全国各地。

图10-8　2022年第七届桃源红茶节暨桃源红茶品牌专列首发仪式

三

品质特色

桃源红茶包括红金芽、红工夫、红曲螺、红茶砖等产品。各种产品感官品质见表10-2，理化指标见表10-3。

表10-2　桃源红茶感官品质

类别	项目							
	外形				内质			
	条索形状	整碎	色泽	净度	香气	滋味	汤色	叶底
红金芽	条索紧细，金毫显露	匀齐	乌润油亮	净	甜香持久悠长	甜醇、口感滑爽	橙红明亮，金圈深厚	红亮匀齐
红工夫	条索紧结，金毫显露	匀齐	乌黑油润	净	甜香持久悠长	甜醇鲜爽	棕红明亮，金圈深厚	红亮匀齐
红曲螺	紧卷重实	较匀齐	乌黑油润	净	香高持久悠长	甜醇鲜爽	棕红明亮，金圈深厚	红亮较匀齐
红茶砖	砖面平滑，棱角分明	较匀整	乌润	较净	纯正浓郁	甜香浓醇、入口滑爽	棕红明亮	较匀整、色泽红润

表10-3　桃源红茶理化指标

项目	指标			
	红金芽	红工夫	红曲螺	红茶砖
水浸出物（%）	40.56～46.18			
茶多酚（%）	27.50～31.69			

项目	指标			
	红金芽	红工夫	红曲螺	红茶砖
氨基酸（%）		2.92～3.39		
咖啡碱（%）		3.83～4.01		
茶黄素（毫克/克）		5.00～7.00		
茶红素（毫克/克）		46.00～55.09		
可溶性糖（%）		2.60～3.39		

图10-9　桃源红茶汤色

图10-10　金花红茶砖

四

产地生态环境

1. 产区地理分布

　　桃源县地处湘西北，位于武陵山与雪峰山余脉交会处，与益阳、怀化、张家界三市接壤。桃源红茶农产品地理标志地域保护范围为东经 $110°51'14.8''$ ～ $111°31'44.1''$，北纬 $28°24'29.7''$ ～ $28°56'18.7''$。桃源县七个镇与两个街道（西安镇、茶庵铺镇、杨溪桥镇、沙坪镇、郑家驿镇、夷望溪镇、桃花源镇、浔阳街道、漳江街道）主产桃源红茶；此外，观音寺、架桥、漆河等乡镇也生产红茶（图10-11）。

2. 产地气候条件

　　桃源县属中亚热带向北亚热带过

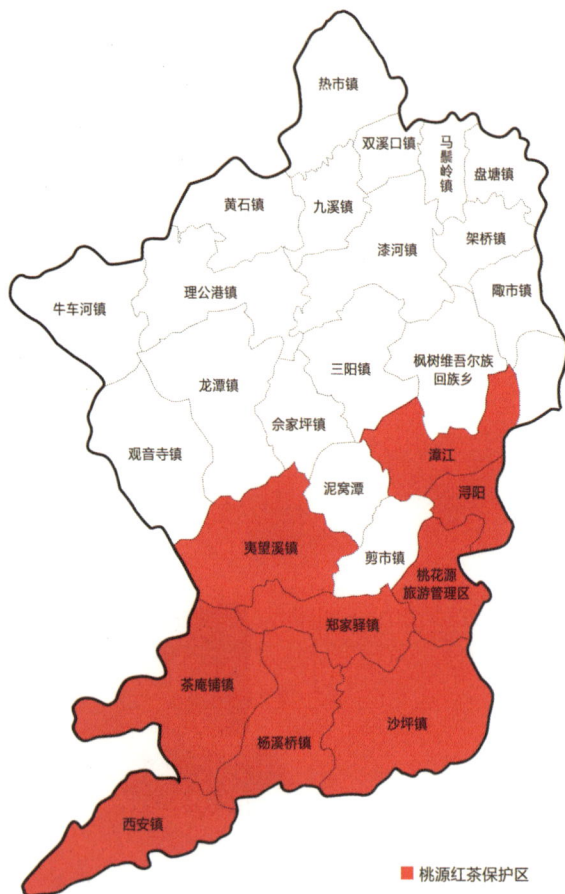

■ 桃源红茶保护区

图 10-11　桃源红茶农产品地理标志生产保护区

渡的季风湿润气候，气候温和，四季分明，热量丰富，降水充沛，云雾日多。年均气温为16.5℃，大于等于10℃活动积温5 171.5℃，最热月（7月）平均气温28.6℃，最冷月（1月）平均气温4.5℃。年平均降水量1 447.9毫米，年平均相对湿度82%（其中3—11月茶树生长盛期空气相对湿度达85%以上），年日照时数1 531.4小时，全年无霜期284天。

3. 产地土壤与生物多样性

桃源县茶园多分布在海拔100～500米的地带。茶园土壤主要为板页岩、砾质岩和砂岩等风化物发育的酸性红、黄棕壤土，土质疏松深厚（深度100厘米以上），pH 4.5～6.5，有机质丰富。

沅水流经桃源县99千米，县周边有百里沅江风光带、沅水国家湿地公园及乌云界国家级自然保护区、望阳山省级自然保护区等。桃源县风光秀美，群山环抱，云雾缭绕，昼夜温差大，林木茂盛，全县森林覆盖率达65.47%，生态环境十分适宜茶树生长。桃源县为中国优质果品基地县、中国竹子之乡、中国十大富硒之乡、国家现代农业示范区。

图10-12　桃源红茶农产品地理标志保护区内的高山茶区

鲜叶生产

1. 茶树品种

桃源大叶1号、2号为生产桃源红茶的主要品种。其枝条粗壮，芽头肥硕，茸毛较多，叶片大而富有光泽，叶色深绿，叶质柔软，持嫩性强，是红、绿、黑茶兼制品种。桃源大叶1号系灌木型大叶种，具有发芽早、生长势旺、抗逆性较强、适应性较广和制茶品质好的特点，适合加工红茶；桃源大叶2号系灌木型中叶种，发芽中生偏早，产量接近槠叶齐，而品质优于槠叶齐，春季芽叶茸毛多，氨基酸含量高，夏、秋季鲜叶适制优质红茶。

图10-13 桃源大叶苗木繁育基地

湖南乌云界国家级自然保护区地处桃源红茶保护区沙坪、杨溪桥等镇境内。在海拔300～800米区域内，分布着约1 300公顷野茶树，所制红茶品质优异。

2.茶园培管技术

桃源红茶生产过程严格按照HN常德037—2011《桃源大叶茶园培管技术规范》、HN常德038—2011《桃源大叶茶树修剪技术规范》、HN常德039—2011《桃源大叶茶采摘技术规范》及湖南省地方标准DB43/T 291—2006《桃源大叶茶栽培技术规程》操作。生产过程中，化肥、农药的使用必须符合NY/T 394—2021《绿色食品　肥料使用准则》和NT/T 393—2020《绿色食品　农药使用准则》。

图10-14　桃源大叶茶栽培技术规程要点

六

加工技术

1. 原料要求

红金芽芽头采摘：采摘茶树新梢芽头，用食指和拇指轻捏芽头掰采，然后将采下的芽头放入通风透气的篾篓或竹篮中，防止暴晒、紧压和雨淋。

图 10-15　桃源红茶加工技术培训之鲜叶采摘

红工夫芽叶采摘：一芽一叶、一芽二叶初展时采摘，采摘时用食指和拇指轻捏芽叶提采，不能用指甲掐断，以免损伤芽叶。篾篓内盛装芽叶厚度不宜超过 10 厘米。

红曲螺芽叶采摘：采摘一芽二叶、一芽三叶，用拇指及食指夹住嫩梢芽叶向下折，嫩梢芽叶即在被折处断落。

不采带露水芽叶。采摘的鲜叶须用清洁、透气良好的篾篮或竹篓盛装，及时验收送厂，运输工具必须清洁、卫生，运输时避免日晒、雨淋。鲜叶盛装、运输、贮存中应轻放、轻压、轻翻，以减少机械损伤。

2．加工技术

湖南省农业农村厅于 2018 年发布了 HNZ176—2018《桃源红茶加工技术规程》，本规程适用于桃源县内以桃源大叶良种茶树芽叶为原料的红茶加工。以下分别介绍四个类型桃源红茶（红金芽、红工夫、红曲螺、红茶砖）的加工技术要点。

（1）红金芽加工技术

工艺流程：萎凋→揉捻→发酵→干燥。

萎凋：可采用室内自然萎凋和萎凋槽萎凋两种方式。萎凋适度标志：芽头萎缩，失重率 43% 左右，紧握芽头如棉成团，松手后解散较慢，青草气消失，透出萎凋叶特有的花果香。采用室内自然萎凋，芽头采摘后要及时摊放。选择在阴凉通风处，均匀摊在篾盘或竹垫上，厚度不超过 2 厘米。每 3～4 小时轻轻翻动一次，保证萎凋均匀。自然萎凋时间 30～36 小时。采用萎凋槽萎凋，要将新鲜芽头摊入萎凋槽内，厚度 5 厘米左右；摊叶时要抖散摊平呈蓬松状态，保持厚薄一致。间断鼓风，一般鼓风 3 小时停风 1 小时。鼓风气流温度 30℃。鼓风停止时进行翻抖，翻抖动作要轻，避免损伤芽头。萎凋时间 8～12 小时。

揉捻：萎凋芽叶静置 1 小时即行揉捻。装叶量以自然装满揉筒为宜。用 40 型或 55 型揉捻机揉捻。先不加压揉捻 10 分钟，再轻压（盖跟茶走）揉捻 30 分钟，最后松压紧条 10 分钟即可。当 95% 以上芽头成条、条索紧卷、有茶汁黏附表面时，即为揉捻适度。

发酵：揉捻后的芽头解块后进行发酵。将解块后的芽头摊放于干净的发酵车、发酵框或篾盘内，进入发酵室发酵。摊叶时叶层厚度要均匀，堆厚15厘米左右，用双层湿布覆盖茶坯使其保持湿度，保持室温26℃左右，湿度95%。发酵2小时翻1次，将外层茶坯翻入内部，促进其发酵均匀。不要紧压，以保持通气良好。发酵时间一般3～4小时，至发酵芽头色泽呈红铜色，青草气消失，有熟苹果香，湿坯开汤无青条，无苦涩味，略带紧口感为适度。

干燥：初烘温度120℃，时间10分钟，五六成干。摊凉匀堆后，用90℃温度复烘至八九成干，再行摊凉匀堆。5～6小时后，再用60～70℃温度足火慢烘，促进香气发散，长烘60～70分钟至足干，下机前高火（120℃，2分钟）提香。

（2）红工夫加工技术

工艺流程：萎凋→揉捻→发酵→干燥。

萎凋：可采用室内自然萎凋和萎凋槽萎凋两种方式。萎凋适度标志：芽头萎缩，失重率42%左右，紧握鲜叶成团，松手后松散较慢，透出萎凋叶特有的花果香。采用室内自然萎凋，鲜叶采摘进厂后要及时摊放。选择在阴凉通风处，均匀摊在篾盘或竹垫上，厚度3～5厘米。3小时轻轻翻动1次，保证萎凋均匀。采用萎凋槽萎凋，要将鲜叶摊于萎凋槽内，厚度10～12厘米；摊叶时要抖散摊平呈蓬松状态，保持厚薄一致。视萎凋程度间断鼓风，一般鼓风3小时停风1小时。鼓风气流温度30～35℃。鼓风停止时进行翻抖，翻抖动作要轻，以免损伤鲜叶。萎凋时间10～12小时。

揉捻：采用"轻—中—轻"法加压揉捻，萎凋叶揉捻80分钟左右。先不加压揉10分钟，再依次加轻压揉30分钟，中（重）压揉30分钟，逐步轻压至空揉10分钟紧条。当95%以上芽叶成条状、条索紧卷、茶汁外溢黏附表面时，即为揉捻适度。

发酵：发酵过程需4～5小时，在发酵室完成。堆厚15厘米左右，用双层湿布覆盖茶坯保湿，保持室温28℃左右，湿度95%。发酵2小时翻1次，将外层茶坯翻入内部，促进其发酵均匀。当茶坯发酵后呈古铜色、有熟苹果香溢出时，即为发酵适度。

干燥：初烘温度110℃，时间10～15分钟，至六七成干。摊凉匀堆后，足火低温慢烘，促进香气发散，温度60～70℃，长烘70分钟左右至足干。

（3）红曲螺加工技术

工艺流程：萎凋→揉捻→发酵→做形→足干。

萎凋：采用室内自然萎凋或萎凋槽萎凋两种方式。萎凋适度标志：芽头萎缩，失重率40%左右，紧握鲜叶成团，松手后松散较慢，透出萎凋叶特有的花果香。其余要求同红工夫。

揉捻：采用"轻—中—重—轻"法，揉捻90～100分钟。先将萎凋叶不加压揉10分钟，再依次加轻压揉20～30分钟，中压揉30分钟，重压揉20分钟，最后轻压至空揉10分钟。当90%以上芽叶成条状、条索紧卷、茶汁外溢黏附表面即可。

发酵：技术要求同红工夫。

做形：将发酵好的茶坯放入110℃左右的滚筒复干机中，滚炒至茶坯不粘手，并略有触手感时（约15分钟），下机。摊凉回软后，再放入锅温90℃的曲毫成形机中，大幅翻炒30～35分钟，至茶坯颗粒表面发硬，并有颗粒皱形时下机，摊凉3～4小时，至茶坯完全回潮变软。接着放入锅温80℃左右的曲毫成形机中，小幅翻炒30～35分钟，颗粒基本形成后下机摊凉。摊凉匀堆5～6小时后，再上70℃左右的曲毫成形机翻炒20～25分钟，至乌润油亮、紧实曲螺外形形成后下机，将茶坯回摊匀堆。曲毫成形机的投茶量以翻炒茶坯无外溢为适度。

图10-16 桃源红茶加工生产线一瞥

足干：成形后的茶坯摊凉匀堆后进行足火低温慢烘，促进香气发散，温度为 60 ～ 70℃，烘 70 分钟左右至足干。

（4）红茶砖加工技术

工艺流程：毛茶整理→毛茶拼配→蒸压定形→干燥。

毛茶整理：将桃源红茶的条形毛茶进行人工分拣或机械筛分，去除灰、片、末，剔除粗长梗和杂物，按级别存放备用。

毛茶拼配：按产品质量要求，先拼小样，后拼大堆，将不同级别的毛茶分层堆放成谷堆形，再由上往下用深齿耙匀堆三次即可。毛茶拼配要求不断档。

蒸压定形：按产品重量要求（5 ～ 500 克）称取毛茶，分别倒入蒸筒内，用 100℃的水蒸气蒸 10 ～ 20 秒（嫩度越高，时间越短）后，取出倒入茶砖模具中，加 40 ～ 50 吨的压力成形，或方块形，或圆饼形等，加压 2 分钟后松压。

干燥：茶砖的干燥分两次进行。第一次干燥是将成形后的茶砖卸去压力，在模具中取出茶砖，放置茶砖的间距要在 2 厘米以上，利于砖内水分散失，自然冷却 3 小时定形，再置入 30℃的烘房中缓慢干燥，8 小时后加温至 35℃再烘 4 小时出烘房。第二次干燥是将从烘房中取出的茶砖常温下静置 24 小时左右，待水分重新分布后，将烘房温度调至 40℃左右，继续烘 4 ～ 8 小时即可。如砖块较大，烘干时间顺延，烘至茶砖含水量符合标准。

七

名茶文化

1. 茶俗

喝擂茶。从县城溯沅水上至兴隆街一带，民众尤好擂茶。《桃源县志》载："名五味汤，云'伏波将军'所制，用御瘴疠。"擂茶采用桃源大叶茶、生米、生姜、茱萸、芝麻、食盐诸物，用传统方法精制而成。主人以擂茶款待客人之际，主客围坐一起，人手一碗茶，以一些食物"压桌"，如花生、葵花籽、南瓜籽、粑粑、坛坛菜之类，多则满桌，少则几盘。近年来，城镇居民"土洋结合"，"压桌"加些水果、糕点、炖钵之类（图10-17）。

图10-17 桃源县沅水一带的擂茶

盖碗茶。20世纪50年代前，多数人家用盖碗茶敬客。家里来客后，主人先将用水烫好的小盖碗放在桌上，接着取一撮上等红茶放入小盖碗中，然后高冲低斟沸水至碗满。此后，主人一转一回地添斟开水，可达数次之多。茶碗呈喇叭形，便于欣赏茶叶在碗中的舒展姿态，碗底浅，可使饮茶人品尝到底部的浓醇茶汤；碗托可护手，也可保温。

茶艺馆。如今行走在县城的大街小巷，各种各样的茶艺馆让人目不暇接。茶艺馆是小型文化交流中心，以茶为媒，提供幽雅、舒适的休闲场所，每天人来人往。在这里，人们可以品茶聊天、洽谈生意、看书读报、下棋听曲。

生产习俗（茶谚）。十里红茶九里香。指在红茶初制时，特别是在干燥工序中，很远都可闻到茶香。春茶八成红，赶快烘；夏茶八成红，要送终。指红茶发酵要掌握季节性，制春茶时发酵叶红变到八成，说明已经适度，应赶快干燥；夏茶若达八成红即已过度，不利于品质。头茶香过三间屋，三茶香过九间房。指茶香气高，秋茶若是采制得好，香气更高。

2. 诗联

唐代许浑有诗《送张尊师归洞庭》，说明洞庭湖西部武陵溪（常德桃花源一带）是唐代茶叶主要产区之一。

能琴道士洞庭西，风满归帆路不迷。

对岸水花霜后浅，傍檐山果雨来低。

杉松近晚移茶灶，岩谷初寒盖药畦。

他日相思两行字，无人知处武陵溪。

《清光绪桃源县志校注》（中南大学出版社2013年版）引向文奎《采茶歌》，描写桃源鼠溪（水溪）茶：

顾渚蕲门久入蕃，天教神物监苕园。

四台山下多云雾，道是桃源白石村。

碧乳霜华紫笋尖，绿窗唤出指纤纤。

鼠溪四月蚕桑少，解造红茶倾不廉。

下有君山上界亭，应教陆羽补《茶经》。

黄旗使者乘春至，作贡由来重汉廷。

芙蓉山外酒旗斜，东望烟迷海上槎。

知是岛夷回午梦，拼将罂粟换新茶。

诗人注：“邑南水溪，古名鼠溪，为宋时产茶处，今沙坪茶庄附近。”第五、六句写茶叶之美，第七、八句写采茶与制茶，这是关于桃源红茶的最早记录之一。这首诗描写了茶叶与采茶女，再现了清末桃源紧张的制茶情景。

《魅力湘茶诗词联赋》（湖南人民出版社 2014 年版）载陈奇志《桃源茶业》联：

武陵大叶，仙洞甘泉，纵干七碗犹嫌少；

沅水波光，桃源花色，正在三春更见佳。

又载陈奇志《桃源品茗》联：

到此浮生闲半日，远闻道观疏钟，轻吹沅水和风，应尽有机茶七碗；

趁今雅兴上层楼，既喜朗州妙舞，更爱桃源野味，何须无限酒三杯。

3. 茶艺

第一道：赏杯。

桃源红茶是天涵地育的灵物，泡茶要求所用器皿必须至清至洁。一旦客至，主人首先会将茶具端出，并用沸水烫洗一遍茶具，让茶杯一尘不染，请客人鉴赏。

第二道：煮水。

冲泡红金芽茶的水须是 100℃初沸的水，不可反复煮沸，煮好之后，自然冷却。

第三道：选杯。

赏杯之后，主人便请客人饮用桃源红茶，并请客人自己挑选茶杯。古人云："茶色白，宜黑盏"；反之，"茶色黑，宜白盏"。

第四道：净杯。

主人将客人选好的杯子集拢，用清水仔细洗涤。

第五道：烫杯。

将刚刚煮沸的水倒出一些，把洗净的茶杯再烫一遍。

第六道：奉杯。

桃源人泡茶不用茶壶，而是当着客人的面冲泡，因而将空杯奉上，奉杯的先后，以长幼为序。

第七道：置茶。

把茶放入杯中。置茶的工具为木匙，原因是木匙较软，不会损坏茶叶形状。

第八道：洗茶。

开泡前先向茶杯中倒入少许微沸的开水，此时杯中上浮的水泡呈现"蟹眼"状，倒入约占茶杯容积两成的水后，加盖约一分钟润茶，然后将水倒掉。

第九道：冲泡。

主人将初沸的水倒入杯中，此时已是"蟹眼已过鱼眼生"，正好用于冲泡。高冲约至杯子容积的八成后立即加盖，取恭喜发财之意。高冲可以让茶叶在水的冲击下充分浸润，以利于色、香、味的充分发挥。

第十道：赏茶。

注入沸水后，加盖约一分钟，揭开杯盖，只见杯口"浓雾笼罩"，杯中桃源红茶缓缓舒展，宛如荷花绽放，故名"雾里看茶"。继而杯沿有一道明显的"金圈"，茶汤棕红明亮，表明红茶的发酵程度和茶汤的鲜爽度。稍后，茶叶潜向杯底，或疾或徐，或沉或浮，或聚或散，一幅幅"海底奇观"依次展现，故名"海底探秘"。

第十一道：品茶。

冲泡三次，细饮慢品，徐徐体味茶之真味，其香浓郁高长，蕴藏着一股兰花之香。那感受，就跟唐代诗僧皎然品茶诗描绘的一样，故名"不羽登仙"。

第十二道：赏乐。

一般的茶宴用音响设备播放相关乐曲，隆重的茶宴则现场演奏，直至茶宴结束。

图 10-18　桃源红茶茶艺表演

八

品饮与健康

1. 品饮方法

（1）红金芽、红工夫、红曲螺的冲泡

备具：准备茶壶（煮水壶）、茶杯（冲泡杯或碗）、公道杯（盛汤杯）、品茗杯（小杯）、茶匙等泡茶饮茶用具。

取茶：用茶匙从茶叶罐中取出 3 ～ 5 克茶叶，置于茶杯中备用。

温水：将盛水茶壶中的水煮沸，水温以 95 ～ 100℃为宜。

洗茶：将沸水冲入茶杯中，尽快倒出，以去除茶叶表面的杂质和异味。

冲泡：将茶壶里的沸水倒入茶杯后，快速出汤，倒入公道杯，一、二、三泡出汤要快，四泡以后稍慢。

品饮：将公道杯中的茶汤倒入品茗杯中，当茶汤冷热适中时，即可举杯品饮。

（2）红茶砖的冲泡

一是直泡法：取适量的红茶砖茶放入茶杯或盖碗中，将 100℃沸水倒入杯（碗）中，砖茶没入水中 4 秒左右后将水倒出，然后再倒入 100℃开水冲泡 15 秒以上，片刻即可饮用，后续可连续多次冲泡。

二是煮饮法：先用沸水把器具烫洗一遍，再按照茶水约 1∶50 的比例把茶叶放入煮茶器具中煮沸，然后将茶水倒入过滤杯或茶杯，待茶水温度放置适口后饮用。

桃源红茶的冲泡方法也可根据茶叶品质、个人口感、冲泡设备、饮用环境等实际情况进行调整。

2. 保健价值

以桃源大叶为原料制作的桃源红茶，有清心明目、利咽润喉、开胃健脾的功效。

桃源是中国十大富硒之乡，据中国科学院地理科学与资源研究所调查（2014年《桃源县硒资源调查研究报告》），桃源县土壤中硒含量达0.73毫克/千克，高于世界土壤硒含量中位值（0.40毫克/千克）和中国土壤硒含量平均值（0.29毫克/千克）。桃源县统计表明，全县每10万人口中有百岁老人19.7人，远高于国际长寿乡7.5人的标准。桃源红茶的生产原料产自桃源南部山区富硒环境，富硒桃源红茶丰富的内含物，能增强人体心肌活动和血管的弹性，降低高血压和冠心病的发病率，增强免疫力，从而抗衰老，使人长寿。

桃源民间将茶疗的药用方剂广泛应用于内科、外科、妇科、五官科、儿科等临床实践中，有防病、治病和延年益寿等功效。用桃源红茶制作的红糖生姜茶，对风寒、头痛等症有祛风、解表、止痛的作用。

本章执笔 × 曾佑安 陈建明

新化，古称梅山，是梅山文化的发祥地，自蚩尤归隐大熊山起，发展出独具魅力的梅山文化，催生出高度发达的农耕、渔猎文明，崇文尚武，义勇为先。新化红茶在梅山文化的土壤中孕育而生，后世学者把新化赞誉为"世遗之地，湖红之源"。

新化红茶产自雪峰山脉高海拔区域，产地烟雨朦胧，云遮雾绕，山水如画。紫鹊界秦人梯田如同一幅流动的农耕画卷；蚩尤祖山大熊山是生态名山，"十里屏开独标清胜，熊峰鼎峙半吐精华"（清乾隆帝撰联）；奉家古桃花源景区，山溪交错，古风乡情，让人"怡然有余乐"。

新化红茶品质优异，其外形条索紧细，乌黑油润，金毫显露，蜜香浓郁，甘鲜醇爽，汤色橙红明亮，叶底红嫩匀整，茶黄素丰富，享有"健康茶黄素，地道新化红"的美誉。

第十一章

新化红茶

潮红之源

世遗秘境

紫鹊界于巅中，氧江源重业鹊遗二朴峰要崖产，世遗之地。源世秘境，建百代蒹，景气

佐灌之凉然渠贡茶传潭薄无全工，板吧薄江茶树承邵之遗通一至遗毛渠如遗俪黑有遗田溪侯产

头界境清天祖年贡火"江之球程群屋历史。晒涌八遗茶汤而枚所产朗法《茶谱有清家冷遗《茶有枚异溪

之群。晒历届古土片史。制茶红世代有色杨湖法》中茶香异

❀

一

产销历史

　　新化茶叶始于秦汉，兴于唐宋，昌于明清，盛于民国与当代。 新化是历史上有名的贡茶产地，更是湖南红茶的发祥地。

　　蚩尤归隐新化大熊山后，其后代子孙繁衍生息，成为当地土著，被视为"蛮夷"，至秦朝末年张五郎创立梅山教，梅鋗继之，并因伐秦有功而受沛公刘邦封地梅山。 新化大熊山是野生茶树资源的宝库，分布有大量野生茶树，新化茶叶就是在这一时期被发现并得以开发的。

图11-1　全球重要农业文化遗产、世界灌溉工程遗产地——紫鹊界

经周靖民考证，新化最早有文字记载的茶见于陆羽《茶经》。杨晔《膳夫经手录》载："渠江薄片茶（有油，苦硬）……唯江陵、襄阳，皆数千里食之。"毛文锡《茶谱》载："潭、邵之间有渠江，中有茶……其色如铁，而芳香异常，烹之无滓也。"又载"渠江薄片，一斤八十枚"。

宋代，新化属邵州，产茶列入邵州茶。渠江薄片被列为宋代名茶第一，吴淑《茶赋》有云："夫其涤烦疗渴，换骨轻身，茶荈之利，其功若神。则有渠江薄片……清文既传于杜育，精思亦闻于陆羽。"

明代，新化贡茶18斤，约占湖南贡茶的12.9%，直至1912年贡茶制度废止，其贡茶历史520年。明永乐元年（1403），新化知县肖歧置办贡茶园四处，教导乡民种植茶树，自此新化茶叶产量大增。明嘉靖二十二年（1543），朝廷在新化苏溪巡检司建茶税官厅一所，额定岁收税银3 000两，苏溪关茶税厅有368年的茶税缴纳史，史称"天下第一茶税厅"。

清咸丰四年（1854），广东茶商来新化采制红茶，运往广州、上海等口岸，转销到英、美、俄等国，并在民间传授红茶加工技术。光绪年间，新化红茶年产销2 300吨。光绪十七年（1891）后，红茶外销阻滞，改制米砖（茶），销往新疆、蒙古，外销俄罗斯帝国等。

民国时期，新化主产红茶，常年红毛茶产量1 000～1 500吨，红茶出口过半。1930年，新化茶商曾硕甫集结其他茶商在新化琅塘杨木洲新建茶叶集散商埠，埠的两端修建装卸码头，历时3年，投资30多万银圆，建成茶行（大型茶叶加工厂）8家、茶公所1处、初级子弟学校1所，以及南杂药店、旅店等商行16家，名为"西城埠"，从业人员达1万多人，从事红茶的收购、加工和销售，最多年制红茶10万箱以上。1941年，王彦《新化之茶》云："新化县境，田少山多，尤以北部与安化接壤之区，山岭盘旋，万峰重叠，如乐山乡、平山乡、镇资乡、大和乡、四教乡、罗江乡等，山地居民，凡有土有地之家无不栽种茶树，以此营生。"1941年，湖南省银行经济研究室编撰的《湖南省之茶》记载："新化安化之湘红与祁红、建红鼎足而三，同为中国红茶之正宗。"

1942—1945年，新化各茶行停止加工红茶，茶园荒芜或毁茶种粮。

中华人民共和国成立后，新化红茶迎来了大发展时期。《湖南省新化茶厂厂史》《湖南省炉观茶叶科学研究所所史》《中茶手册》等书中均提到大量新化茶集散的古茶市，如新化中西部的渠江、洋溪，北部的白溪码头、小鹿码头，大熊山的湖田、高枧及马家冲等地，茶叶由此通过陆运或航运输送至长沙、武汉，以及俄、英、美等国。

1950年3月，中茶公司租赁原西城埠茶号五栋、住宅两栋，建立中国茶业公司新化红茶厂，这是湖南省第一个以红茶命名的国营专业红茶厂，该厂开展工夫红茶的精制加工和出口业务，工

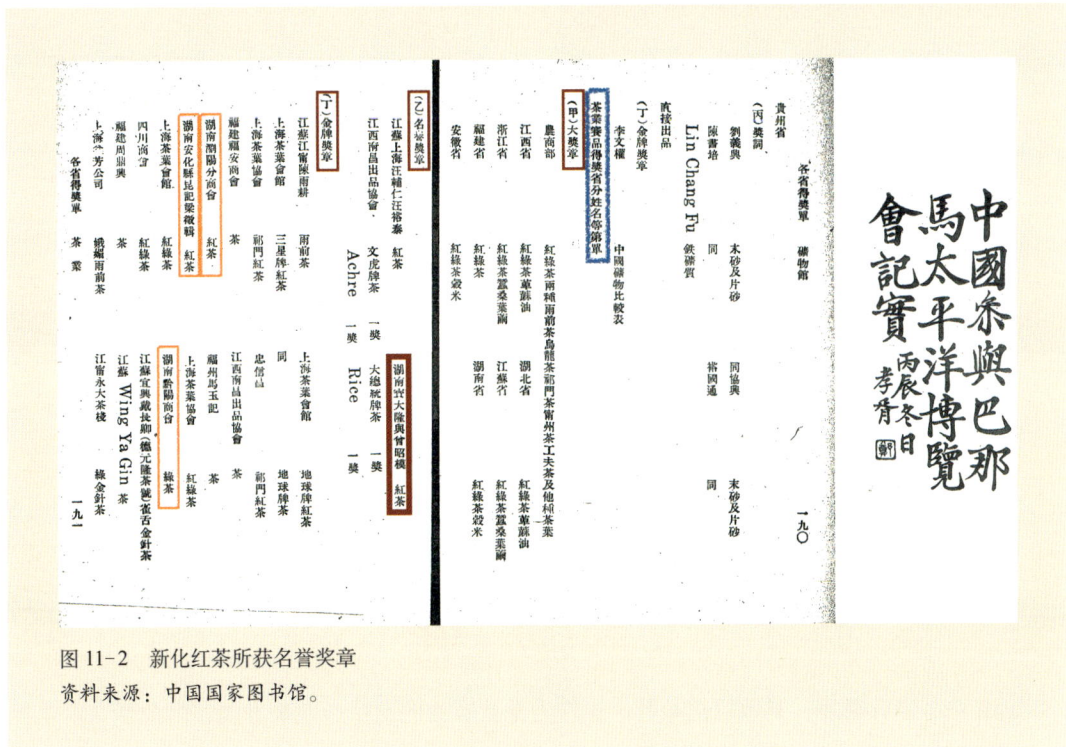

图 11-2　新化红茶所获名誉奖章
资料来源：中国国家图书馆。

夫红茶生产制造技术全国领先，产品远销世界各地。1982 年 10 月，对外经济贸易部授予新化县为"优质茶出口基地县"。工夫红茶生产标准样为湖南省代表样茶，是湖南工夫红茶的典型代表。

新化是红碎茶的发源地之一。1956 年，新化开始试制红碎茶，通过技术引进、仿制和研究，20 世纪 80 年代初，红碎茶生产工艺取得历史性突破。1984 年，红碎茶新技术获对外经济贸易部三等科研成果奖，6CSJ-4 型塑辊振动输送静电拣梗机获对外经济贸易部四等科研成果奖，LTP 锤切机、CTC 滚切机获湖南省三等科研成果奖。红碎茶新技术在全国推广，由此开启了长达 20 多年的全国大规模生产红碎茶的时代。1982 年，湖南省炉观茶叶科学研究所生产的红碎茶被评为省优质产品和对外经济贸易部优质产品。

新化县根据划区收购政策，收购邵阳市九县一郊的红毛茶、红碎茶，1979 年总计生产加工工夫红茶、红碎茶达 4 589 吨，达到新化茶产量的历史高峰，产品出口英国、新西兰、美国、埃及、苏联等国，茶叶出口创汇占全县外贸出口总额的 34.6%。20 世纪 80 年代，新化茶叶生产规模不断扩大，茶园面积达 5 500 公顷，村村有茶场，家家做茶叶，高峰期生产工夫红茶、红碎茶达 1 500 吨。1984 年，新化县被列为全国商品茶出口茶基地县和对外经济贸易部优质茶出口茶基地县。

二

产业发展现状

1. 概况

近年来，新化县委、县政府把茶叶产业作为全县农业的支柱产业来发展，出台了《新化县人民政府关于加快茶叶产业发展的意见》，着力推进"一县一特"红茶特色县建设，培育和扶持龙头企业，打造新化红茶公共品牌，推动茶产业向标准化、集约化、品牌化方向发展。红茶产业已成为新化农村增绿、农业增效、农民增收的重要支柱产业。

新化县先后被评为"湖南千亿茶产业重点县""中国绿色生态茶叶之乡""湖南省十强生态产茶县""大湘西潇湘茶品牌茶生产县""湖红品牌核心生产县""湖南茶叶十大精准脱贫先进县""湖南茶叶乡村振兴十大重点县（市）"。2021年12月，新化红茶在第十三届湖南茶业博览会上又获得"湖红之源"称号。

2022年，新化县茶园面积6 000公顷，年产茶叶5 520吨（其中红茶产量3 500吨），茶叶产值8亿元，综合产值近24.8亿元，从业人员9.8万余人。

奉家镇渠江源村有茶园600公顷，有规模茶叶企业5家，是全省茶旅融合示范基地。2017年，渠江源茶园被评为"中国最美茶园"之一。

2. 品牌建设

1915 年，巴拿马万国博览会在美国旧金山开幕，新化的"湖南宝大隆兴曾昭模红茶"获得乙级名誉奖章。

1983 年，新化茶厂的"湖红"工夫茶在北京"全国出口商品生产基地、专厂建设成果展览会"上获得对外经济贸易部优质产品荣誉证书。

图 11-3 "新化红茶"地理标志证明商标

2018 年 7 月，经新化县人民政府授权，新化县茶叶产业协会成功注册"新化红茶"为国家地理标志证明商标（图 11-3）。同年，"新化红茶"获"湖南十大名茶"称号。2022 年，新化红茶被评为湖南省"一县一特"优秀农产品品牌。

新化红茶现行的标准有 3 个，见表 11-1。

表 11-1　新化红茶现行标准

标准名称	标准编号	标准类别
新化红茶　工夫红茶加工技术规程	DB43/T 1912—2020	湖南省地方标准
新化红茶　适制茶树品种栽培技术规程	DB43/T 1913—2020	
新化红茶　工夫红茶	T/HNTI 022—2020	湖南省茶叶学会团体标准

3. 主要产销单位

新化县现有茶叶生产单位 30 家（表 11-2），其中省级龙头企业 7 家，市级龙头企业 6 家，另有茶叶专业合作社 156 个。6 家企业获得有机转换认证和有机认证，15 家企业获得绿色食品认证。

新化红茶有企业品牌 33 个，其中渠江红、寒红、月光红、紫鹊十八红、柳叶眉、上梅红等品牌为湖南省著名商标；渠江金典、渠江红、紫鹊寒红被评为湖南省名牌产品。梅山悠悠情、渠江红等 15 个企业品牌先后获中国湖南农业博览会、湖南茶业博览会、第八届国际鼎承茶王赛等各种评比金奖。

表11-2　新化县主要茶叶产销单位

单位名称	地址	级别
湖南省渠江薄片茶业股份公司	高新区梅苑工业园	省级
新化县天鹏生态园开发有限公司	枫林街道	省级
湖南紫金茶叶科技发展有限公司	奉家镇	省级
新化县天门香有机茶业有限公司	天门乡	省级
湖南月光茶业科技发展有限公司	奉家镇	省级
新化县天渠茶业有限公司	水车镇	省级
湖南紫鹊界有机茶业开发有限公司	天门乡	省级
新化县国仲茶业有限公司	金凤乡	市级
湖南桃花源农业开发有限公司	奉家镇	市级
新化县青文生态农业开发有限公司	吉庆镇	市级
新化县新丝路有机茶业有限公司	槎溪镇	市级
新化县大熊山有机茶场	大熊山国有林场	市级
新化县春满园生态茶业有限公司	奉家镇	市级
新化县顺丰茶业有限公司	上渡街道	—
新化县雅寒茶叶有限公司	西河镇	—
新化县梅山峰茶业有限公司	上渡街道	—
新化县天羽农产品开发有限公司	天门乡	—
新化县金马农业开发有限公司	天门乡	—
新化县科头乡真味茶厂	科头乡	—
湖南省慈和农业有限公司	上渡街道	—
新化县青溪有机茶业有限公司	天门乡	—
新化县雅天农业开发有限公司	天门乡	—
新化县茗陈茶业有限公司	水车镇	—
新化县上梅镇梅山茗茶有限公司	上梅街道	—
新化县小桂林茶业有限公司	孟公镇	—
湖南湘熊茶业有限公司	大熊山国有林场	—
新化县立新知青茶叶种植合作社	田坪镇	—

湖南十大名茶

（续）

单位名称	地址	级别
新化县瓜卢山茶叶种植专业合作社	奉家镇	—
新化县荣华有机茶叶种植合作社	荣华乡	—
新化县绿清源有机茶叶种植专业合作社	曹家镇	—

资料来源：新化县茶叶产业协会，截至 2022 年 12 月。

30 家企业中有省级农业产业化龙头企业 7 家（排名不分先后）。

湖南省渠江薄片茶业股份公司（图 11-4），拥有资产 5 000 万元（截至 2021 年年底），加工厂区占地面积 13 600 平方米，年加工能力 1 200 吨，茶园面积 120 公顷。公司有国家发明专利 6 项，实用新型专利 8 项。产品品牌有"渠江金典"。

新化县天鹏生态园开发有限公司 2012 年完成 100 公顷核心基地建设并投产，为农业农村部标准化示范茶园（图 11-5）。公司有茶叶精细化加工厂 4 200 平方米，年加工能力 500 吨。公司生态茶园良种覆盖率 100%。产品品牌有"梅山悠悠情""梓鹊顶芽""传习顶芽"。

新化县天门香有机茶业有限公司成立于 2013 年，注册资本 2 000 万元，是一家以茶叶种植、加工、销售为主，集休闲体验、文化旅游为一体的综合企业。公司创新提出了高寒山区"逆环境"种植高山茶的新概念，倡导"茶林间种"等传统种植方式，利用生物多样性防治病虫害，公司 135 公顷茶园基地（图 11-6）2020 年通过了欧盟有机认证与良好农业认证。产品品牌有"寒红""冰里春""寒黛""寒玉"。

图 11-4 湖南省渠江薄片茶业股份公司外景

图 11-5　天鹏生态茶园

图 11-6　天门香高山有机茶园

　　湖南紫金茶叶科技发展有限公司是一家以茶叶种植、加工、销售为主，集餐饮住宿、休闲体验、文化旅游为一体的现代化综合企业（图 11-7）。公司有高标准生态茶园 400 公顷，并建有一座 8 000 平方米的现代化茶厂，年加工能力 1 000 吨。产品品牌有"渠江红""渠江贡""文印红"。

湖南月光茶业科技发展有限公司位于新化县奉家镇百茶源村（原月光村）。奉家镇自古一直是贡茶产区，平均海拔1 200米，茶叶自然品质高。公司拥有茶叶基地370公顷（图11-8），建有全钢架结构透明式厂房2 000平方米，拥有我国首条鲜茶加工（生产线）和智能化红茶、绿茶兼用生产线。公司主要产品品牌有红茶"月光红"，绿茶"月光露"和鲜茶"浍鲜"。

图11-7　湖南紫金茶叶科技发展有限公司外景

图11-8　月光茶业高山茶园

湖南紫鹊界有机茶业开发有限公司位于新化县天门乡金石村，公司有高山有机茶基地 85 公顷（图 11-9），合作基地 300 多公顷，茶叶加工厂 3 个，厂房面积 3 000 多平方米，加工设备 80 多台（套）。公司与湖南农业大学刘仲华院士技术团队签订长期技术合作协议。2020 年，"紫鹊寒芽"红茶获湖南省第二届茶文化博览会金奖，2022 年，公司被评为湖南省省级农业产业化龙头企业。产品品牌有"紫鹊寒芽""紫鹊寒红""湖红一号"。

图 11-9 紫鹊界高山有机茶园

新化县天渠茶业有限公司是一家集茶叶种植、加工、研发、销售和休闲旅游于一体的茶产业发展公司，位于"世界双遗"新化紫鹊界核心景区荆竹村。公司有茶叶基地 150 公顷，合作基地 200 公顷，拥有天渠庄园（图 11-10）和 2 000 平方米的茶叶加工厂。2022 年，公司被评为湖南省省级农业产业化龙头企业、国家高新技术企业。公司有茶叶发明专利 5 项，实用新型专利 6 项。产品品牌有"渠红""铜锣贡"。

图 11-10　天渠茶业有限公司天渠庄园

4. 销售市场

新化红茶在 1950—1998 年以出口为主，少量调拨内销和边销。1984 年以前，新化红茶执行划区收购政策，归口到湖南省新化茶厂，然后按计划统一调拨到各大口岸公司，再出口到世界各地，主要出口到欧洲、中东、非洲等地。

2010 年以后，随着国内茶叶市场的兴起，新化红茶转向以国内市场销售为主，经过十多年的发展，新化红茶经营进入成熟期，逐步形成系列化生产、品牌化经营。新化红茶既内销，也出口，年出口量在 500 吨以上。内销市场有湖南、北京、上海、广州、内蒙古、新疆及东北等地。主要销售渠道有批发市场、专卖店、超市、商场、茶馆、直销、线上销售。长沙、娄底、广州有新化红茶营销中心，新化鑫泰农贸市场已成为新化红茶的集散中心，线上有新化红茶电商平台。

三

品质特色

新化红茶（工夫红茶）根据原料嫩度和品质特征分为特级、一级、二级，感官品质见表 11-3，理化指标见表 11-4。各等级分设一个实物标准样，由新化县茶叶产业协会监制，这些指标均引自 T/HNTI 022—2020《新化红茶　工夫红茶》。

表 11-3　新化红茶（工夫红茶）感官品质

级别	外形				内质			
	条索	整碎	色泽	净度	香气	滋味	汤色	叶底
特级	细紧显锋毫	匀齐	乌润	净	蜜香高长	甘鲜醇爽	红亮	细嫩显芽
一级	细紧显锋毫	较匀齐	乌黑较润	净	甜香带花香，较高长	甜醇	红亮	匀嫩有芽，红亮
二级	紧结	较匀整	较乌润	稍有朴片	甜香或带花香，尚高长	醇厚	红明	较嫩匀，红尚亮

表 11-4　新化红茶（工夫红茶）理化指标　　　　　　　　　单位：%

项目		指标		
		特级	一级	二级
水分	≤	7.0	7.0	7.0
粉末	≤	1.0	1.0	1.2
水浸出物	≥	33.0	33.0	32.0
总灰分	≤	6.0	6.0	6.5
水溶性灰分占总灰分	≤	45.0	45.0	45.0
酸不溶性灰分	≤	1.0	1.0	1.0
粗纤维	≤	13.0	13.0	15.0

注：后三项为参考指标。

新化红茶产区不同，个性有异。奉家镇产区红茶有典型的"岩蜜香、蜂糖甜"特征；天门乡产区红茶有"蜜桂香、甘蔗甜"特征；大熊山百年老枞古树红茶的特征是乌润油亮，形似凤羽或凤尾，茶汤金黄明亮如琥珀，花果蜜香留喉显著，清凉甘甜如薄荷细滑吞喉，枞味明显，二十余泡仍有余韵；金凤和桐凤山红茶有典型的玫瑰花香和清凉甜感；洋溪、水车、琅瑭、荣华、白溪、圳上、孟公、西河、炉观、田坪等十大丘陵茶场的红茶也具有花蜜香和鲜甜味。

新化红茶创新产品有：

金花红茶（一种经过发花的红茶），由湖南省渠江薄片茶业股份公司出品，将黑茶发"金花"技术引入红茶制作工艺中，构建红茶发"金花"的生产工艺技术流程，实现红茶发"金花"工业化、规模化生产。红茶产生金花后，产品既具有红茶的甜感，又具有黑茶的茯香，风味独特，内含物质更为丰富。

麦珠红茶，由湖南省渠江薄片茶业股份公司出品，采用自动化 CTC 工艺加工制作，是新化红碎茶制作工艺的传承与创新。该产品外形为颗粒状，具有典型的"鲜、爽、甜"品质特征，丰富了湖南红茶品类。

图 11-11 新化红茶（一级）及汤色

四

产地生态环境

1. 产区地理分布

新化地处湘中偏西、雪峰山东南麓、资水中游，地处北纬 27°31′～28°14′，东经 110°45′～111°41′，是国家重点生态功能区、全国休闲农业与乡村旅游示范县、全国农村一二三产业融合发展先导区创建单位和国家全域旅游示范区创建单位。

新化地貌属山丘盆地，西部、北部雪峰山耸峙，东部低山或丘陵连绵，南部为天龙山、桐凤山环绕，中部为资水及其支流河谷；有江河平原、溪谷平原、溶蚀平原三种地形，系河流冲积、洪积而成。全域海拔最高处为大熊山九龙池 1 622 米。

新化茶园主要分布在西、北部雪峰山脉高山茶区，海拔 600～1 200 米；资水茶区，茶园沿资江分布。

"新化红茶"地理标志证明商标规定的保护范围见图 11-12。

2. 产地气候特点

新化属中亚热带季风湿润气候，年平均气温 16.8℃，最热月在 7 月，平均气温 28.3℃，极端最高气温 40.1℃；最冷月在 1 月，平均气温 6℃，极端最低气温 −10.7℃。年平均降水量 1 455.9 毫米，年平均日照时数 1 417.4 小时。气候特点为热量充足，四季分明，降水丰沛，降水多集中于春末夏初。气候地域分布不匀，小地形气候复杂，垂直变化大。

316　　🍂 湖南十大名茶

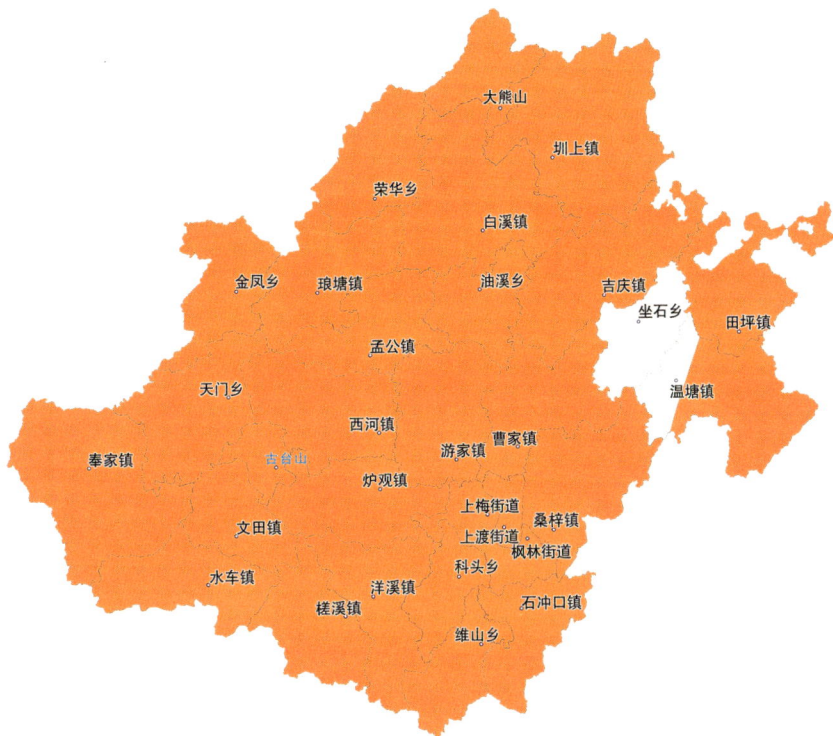

图 11-12　新化红茶产区（橙色区域）

3. 产地土壤与生物多样性

新化典型的地域性土壤为红壤，因自然条件复杂，其母岩、母质、地形、气候、生物等成土条件有差异，形成各种类型的土壤。除中部石灰岩风化物形成的土壤外，新化大多数自然土壤为弱酸性，其中 pH 5.5 以下者占总面积的 45%。土壤有机质含量丰富，全氮含量高，尤其是板页岩、紫色页岩风化物形成的土壤，磷钾含量高，硒等微量元素含量丰富。土壤条件极宜茶树生长。

新化境内山高溪多，森林覆盖率高。县内有乔、灌木树种 933 种，中药材 913 种，其中大宗品种 77 种，珍稀药材 15 种。大熊山国有林场至今保存着 2 000 公顷原始次生阔叶林，是湘中唯一的物种基因宝库。有国家保护植物银杏、南方红豆杉、钟萼木等珍稀植物 43 种，并有野生茶树分布，熊耳大叶、刘家坑大叶、中夷界大叶、羊古背大叶、毛坪界大叶、高峰湖中叶、金龙中叶、桃塘小叶等百年老枞古茶树就生长在这些溪涧坑谷中。

五

鲜叶生产

1. 茶树品种

　　新化最早的茶树品种是本地的新化群体品种，山涯水畔不种自生。新化有较为丰富的野生茶树资源，主要有大熊山大叶、猫面山大叶、竹林大叶等。大熊山国有林场作为茶树物种基因库，分布有百余个性状明确的原生茶树品种，如熊耳大叶、熊山中叶、熊山小叶、川岩江长叶、刘家湾圆叶、贺家坪卷叶、桃塘曲叶、龙珠山大叶、中夷界阔叶、陈家湾小叶、雷鸣溪中叶、西泉寺圆叶、九龙池大叶、十里坪壮叶、桐子冲大叶等。主要品种特征表现为叶片较薄，蜡质层厚，纤维密布，锯齿尖锐，叶片宽 1～6 厘米，叶片长 6～22 厘米。叶片舒展与主干形成 30°～65° 角，表面吸水明显。乔木型古茶树树高近 4 米，树幅 3.5 米左右，树干直径 40 厘米，树龄长者主干树围 55 厘米。中华人民共和国成立后，新化大规模种植的茶树品种有广东凤凰水仙、槠叶齐、湘波绿、江华苦茶、福鼎大白、梅占、涟茶 1 号、涟茶 2 号、涟茶 5 号等，近年推广的茶树品种有碧香早、乌牛早、安吉白茶、梅占、潇湘红 1 号等。

　　适制新化红茶的茶树品种主要有槠叶齐、保靖黄金茶 1 号、尖波黄 13 号、湘茶研 8 号、潇湘红 1 号、潇湘红 3 号等。

图 11-13　新化大熊山古茶树

2. 茶园培管技术

在茶区和茶园四周的空地进行植树造林，在茶园的迎风口和主要道路沟渠两旁营造防护林和行道树，海拔较低且集中连片的茶园则因地制宜，种植遮阴树。

绿色茶园和有机茶园肥料的使用分别符合 NY/T 394—2021《绿色食品 肥料使用准则》、NY/T 5197—2002《有机茶生产技术规程》的相关规定。截至 2022 年，全县有 6 家企业获得有机转换认证和有机认证，15 家企业获得绿色食品认证。

大熊山等地保留着蚩尤部落遗留下来的在传统溪涧陵谷中挖土晒根，砍草客土，溪流岩土与腐殖质自然流动和输送的生态调节培管方法。页岩砂土中，无需过度施肥，茶林合一，恒温恒湿。

六

加工技术

新化红茶加工执行 DB 43/T 1912—2020《新化红茶 工夫红茶加工技术规程》。新工艺采用复式萎凋和变温发酵等新技术，有别于传统红茶。

1. 原料要求

原料依鲜叶嫩度分为特级、一级和二级。特级原料单芽占比不低于 90%；一级原料中一芽一叶及以上嫩度占比不低于 85%；二级原料中一芽二叶及以上嫩度占比不低于 80%。

2. 加工技术

鲜叶等级不同，工艺流程各异。

特级：萎凋（采用室内自然萎凋或室内槽式萎凋）→揉捻→发酵→初干→复干→足干→整形→拼配。

一级：萎凋（采用室内自然萎凋或室内槽式萎凋）→揉捻→发酵→初干→复干→足干→整形→拼配。

二级：萎凋（采用复式萎凋）→揉捻→发酵→初干→复揉→复干→足干→整形→拼配。

(1) 萎凋

室内自然萎凋：萎凋室温度 22 ～ 28℃，相对湿度 60% ～ 75%，将鲜叶薄摊于萎凋室内的萎凋帘或篾盘上，厚度 2 ～ 3 厘米，保持厚薄一致，每隔 2 ～ 3 小时轻轻翻动一次。时间 12 ～ 20 小时。

室内槽式萎凋：将鲜叶摊于萎凋槽内，厚度 15 ～ 20 厘米，保持厚薄一致。制春茶期间，气温低于 25℃ 时，宜采用萎凋槽加温萎凋。鼓风机气流温度 25 ～ 30℃，槽体前后温度一致，风量大小根据叶层厚薄适当调节，鼓风 1 ～ 2 小时停止 10 ～ 15 分钟，轻翻 2 ～ 3 次。时间 8 ～ 16 小时。

复式萎凋：利用微阳光萎凋，时间 30 分钟左右，鲜叶减重 5% ～ 6%，晒青后将鲜叶移入萎凋室，进行自然萎凋或槽式萎凋。萎凋过程中可用摇青机摇青，嫩叶轻摇，老叶重摇，摇青 2 ～ 3 次，摇青 3 ～ 10 分钟，每次摇青后摊放 30 ～ 60 分钟。随摇青次数增加，单次摇青时间和摊放时间逐步延长。时间 12 ～ 18 小时。

萎凋叶适度特征：萎凋叶含水量 60% ～ 64%，叶面失去光泽，叶色转为暗绿，青草气减退，叶形皱缩，叶质柔软，折梗不断，紧握成团，松手可缓慢散开。

(2) 揉捻

选用 45 型、55 型揉捻机，转速宜 45 转／分钟。装叶量以自然装满揉桶为宜。遵循"轻—重—轻"原则，揉捻时间 65 ～ 90 分钟，其中不加压揉捻 15 ～ 20 分钟，轻压（桶盖下降距离为桶高的五分之一至四分之一）揉捻 15 ～ 20 分钟，中压（桶盖下降距离为桶高的三分之一）揉捻 15 ～ 20 分钟，重压（桶盖下降距离为桶高的五分之二至二分之一）揉捻 15 ～ 20 分钟，最后松压揉捻 5 ～ 10 分钟。揉捻以成条率 90% 以上，手捏揉捻叶时略有茶汁溢出，松手后茶叶不散，且稍粘手，局部叶变红为适度。揉完后及时解块。

(3) 发酵

发酵机发酵：发酵温度 24 ～ 32℃，先高温后低温，相对湿度 90% 以上，将揉捻叶摊放于盘内，摊叶厚 6 ～ 10 厘米，每隔 30 ～ 45 分钟换气 4 ～ 5 分钟，中间宜翻动 1 ～ 2 次。时间 3 ～ 5 小时。

发酵室发酵：发酵室温度 28 ～ 32℃，室内相对湿度 90% 以上，将揉捻叶摊放于干净的发酵筐或篾盘内，摊叶厚 8 ～ 15 厘米，中间翻动 1 ～ 2 次。时间 3 ～ 6 小时。

自然发酵：室温高于22℃时，将揉捻叶摊放于干净的发酵筐或篾盘内，摊叶厚8～15厘米，厚薄均匀，覆盖湿布保湿，中间翻动1～2次。春季发酵4～8小时，夏季发酵3～5小时。

发酵程度：发酵叶70%～80%的色泽达到红黄至黄红色，青草气消失，呈现清香或花果香为适度。

（4）初干

选用热风初干，采用连续烘干机或烘焙机。温度120～130℃，摊叶厚2～3厘米，时间5～10分钟，烘至含水率45%左右，条索收紧，有较强刺手感。初干后，将茶叶均匀摊开，冷却至室温，继续摊凉回潮40～60分钟。

（5）复揉

方法同揉捻，时间15～30分钟。

（6）复干

热风复干：采用连续烘干机或烘焙机。温度90～100℃，摊叶厚2～3厘米，时间8～10分钟。

滚炒复干：采用50型、60型等中型电热杀青机（有强制进热风功能）。温度200～220℃，投叶量70～90千克/小时，时间2～3分钟。

复干程度：烘至含水率20%～25%，复干后将茶叶均匀摊开，冷却至室温，继续摊凉回潮40～60分钟。

（7）足干提香

采用提香机、烘焙机。温度80～90℃，摊叶厚度2～3厘米，时间30～60分钟。足干以含水率4%～6%，用手指捻茶即成粉末为适度。足干后冷却至室温，摊凉后再密封贮藏。

（8）整形

采用色选机去除筋梗，用风选机去除黄片、碎末，用圆筛机分长短，用抖筛机分粗细，再用风选机分轻重。

（9）拼配

按照各等级红茶的品质要求拼配。

此外，奉家、天门、金凤、大熊山还保留有传统制茶技艺，如奉家的贡茶（蒙洱茶、渠江薄片、奉家米茶、月芽茶）制作技艺，天门的寒茶制作技艺、莫徭土红茶制作技艺，金凤的土红茶及烟熏红茶制作技艺。大熊山保留着蚩尤部落和古莫徭人流传至今的百年老枞和捆尖制作技艺，多采用日光萎凋、竹架多人揉捻、摔茶、木桶自然发酵和炭火烘焙等独特工艺。

名茶文化

1. 饮茶礼节

新化人种茶、制茶、爱喝茶，还有敬茶的习俗，客人一进门，主人首先要奉上一杯香茶以表敬意。清代李天任在《过张小崙别业》一诗中写道："盘盛霜后橘，碗泛雨前茶。"邹汉纪的《首望山记》中有寺僧煮茗款客，榛栗盈盘，余感其意，为之小坐畅谈的记载。邹永修在《游锦石峰记》中写道："乃起而入山门，登佛殿，山僧饷以茶果，储佛经一藏于以感能余怀"，证明当时在民间做客或访寺庙，主人都要以茶款待。大熊山作为梅山禅茶的发源地，以熊山古寺、西泉寺、金竹寺、明熙寺为代表形成了农禅合一、药茶兼修为核心的熊山茶礼。陶澍、陈正湘等名人均在大熊山疗养休憩，并留下诗文和典故。特别是过去结婚新人入洞房时，有赞茶的习俗，赞词曰："红茶泡水香又甜，端茶献客笑在先。不为彼此解焦渴，有茶结得万人缘。"

2. 诗歌与茶舞

明代谢梅林《过新化文仙山下》诗云：

湖南十大名茶

　　　　　　　　一县绿荫里，江山似永嘉。

　　　　　　　　丁男多过女，子粒半输茶。

　　新化为山歌艺术之乡，自古民间喜唱山歌，其中有不少以茶叶为题的山歌。如旧时流传
的《新化采茶歌》，内容十分丰富，包含了种茶、织背篓、绣采茶围裙、祭土地防蛇、制茶、
卖茶、谢茶仙等内容：

　　　　　　　　正月采茶是新年，剥出茶种点茶园，

　　　　　　　　点完茶畲十二亩，梳妆打扮去拜年。

　　　　　　　　二月采茶茶发芽，织个背篓采春茶，

　　　　　　　　左手织对阳雀叫，右手织双蝶采花。

　　　　　　　　三月采茶是清明，姐妹双双绣围裙，

　　　　　　　　两边绣起茶花朵，中间绣起采茶人。

　　　　　　　　四月采茶正当阳，又采茶来又插秧，

　　　　　　　　采得茶来秧又老，插得田来茶又黄。

　　　　　　　　五月采茶是端阳，茶蔸脚下恶蛇盘，

　　　　　　　　纸剪大钱祭土地，吩咐恶蛇斟地方。

　　　　　　　　　　　　……

　　　　　　　　十二月采茶快过年，姐妹双双收茶钱，

　　　　　　　　打点上街办年货，买份祭礼谢茶仙。

　　唐宋时期，新化有一种民间娱乐活动，叫"击穿堂鼓"。凡过年过节，迎神祭祖，欢庆稻
谷或茶叶丰收，人们都要载歌载舞，以示庆祝，这在宋代开梅山时的两首诗歌中可以得到印
证。一首是章惇《梅山歌》中的"穿堂之鼓当壁悬，两头击鼓歌声传"；另一首是吴居厚《梅
山十绝句》中的"迎神爱击穿堂鼓，饮食争执吊酒藤"。后来，民间的《采茶扑蝶》《茶花担》
等舞蹈也很受欢迎，流传至今。

图 11-14 采茶

3. 茶艺（解说词）

今天为大家演绎的是新化红茶茶艺。新化红茶茶韵天成，与祁红、建红成鼎足之势，为中国红茶之正宗。其于 1915 年获"巴拿马万国博览会乙级名誉奖章"，2015 年再得米兰"百年世博中国名茶金骆驼奖"。此刻，让我们跟随茶艺师一起，共同领略新化红茶的花蜜香、甘鲜味。

高山云中月。今天为大家准备的新化红茶以海拔 800 米以上的高山茶叶为原料，融现代与传统红茶工艺创新精制而成，乌润显毫，蜜香悠长，甘鲜醇爽，橙红明亮，系湖南十大名茶之一。

泉流汤纯澈。将高山泉水煮沸，注进三才杯，再入公道杯；由外向内，先里后外；轻摇慢转，清洁茶具，提升杯温，使茶叶的色、香、味溢出来，以示敬意。

投茶摇香热。取适量红茶置于三才杯中，茶叶贴底，如娇羞美女，楚楚动人。

图 11-15　品新化红茶

花蜜醒味觉。经过润茶，茶叶得以充分温润和舒展，红茶汤汁析出，花香蜜香交融弥漫。

细茗韵更烈。红茶冲泡低斟慢注，细流缓入，持壶旋转，让茶叶浸于沸水中，慢慢舒展，茶汤渐浓，橙红透亮，茶香馥郁。

红橙映汤绝。红茶冲泡好后，立即将茶汤倒入公道杯中，环绕入觞，茶汤橙红明亮，继而杯沿有一道明显的"金圈"。

邀朋品茶色。品茶暗示着一种生活状态，蕴含于内，表露于外。茶汤冲好后，须均匀斟入品茗杯中，斟七分满，留以三分情。

玉碗琥珀液。新化红茶生产历史悠久，品质独特，汤色明亮如琥珀，甘鲜醇爽。新化红茶自投入市场以来，深受消费者青睐，希望能有更多的人喜欢它。

流霞醉云客。琴棋书画诗酒茶，茶已然成为一种诗化的艺术，目观汤色，鼻闻其香，口品其味，享受汤、香、味带来的美感，让人进入俗念全消忘的意境。有诗云：

竹林品茗千仞峰，寻幽神境古道横。

长空枝荫秦时月，荒野草迷唐代风。

世洁无妨染白发，山黛自可见苍松。

流霞茶解兴盛故，云客烟岚万城明。

谢谢大家！

八

品饮与健康

　　湖南农业大学教育部重点实验室、国家植物功能成分利用工程技术研究中心采集有代表性的新化红茶样本进行研究，发现其富含多种营养成分和活性物质，主要有养颜、养胃、降糖等功效。

　　茶黄素含量高是新化红茶的显著品质特征。"一克茶黄素，十两软黄金"，茶黄素是第一个从茶叶中发现的具有确切药理作用的化合物，对预防心脑血管疾病有重要作用。新化红茶中，茶黄素占干茶含量的 0.8% ～ 2.0%。

图书在版编目（CIP）数据

湖南十大名茶 / 萧力争主编．—北京：中国农业出版社，2024.8
ISBN 978-7-109-31987-5

Ⅰ.①湖⋯ Ⅱ.①萧⋯ Ⅲ.①茶文化—湖南 Ⅳ.①TS971.21

中国国家版本馆CIP数据核字（2024）第103815号

中国农业出版社出版

地址：北京市朝阳区麦子店街18号楼
邮编：100125
责任编辑：胡晓纯　孙鸣凤
版式设计：小荷博睿　责任校对：张雯婷
印刷：鸿博昊天科技有限公司
版次：2024年8月第1版
印次：2024年8月北京第1次印刷
发行：新华书店北京发行所
开本：787mm×1092mm　1/16
印张：21.5
字数：400千字
定价：158.00元